云计算与大数据实验教材系列

Spark
案例与实验教程

主编 袁景凌 熊盛武 饶文碧

武汉大学出版社

图书在版编目(CIP)数据

Spark案例与实验教程/袁景凌,熊盛武,饶文碧主编.—武汉：武汉大学出版社,2017.4
云计算与大数据实验教材系列
ISBN 978-7-307-12842-2

Ⅰ.S⋯ Ⅱ.①袁⋯ ②熊⋯ ③饶⋯ Ⅲ.数据处理软件—教材 Ⅳ.TP274

中国版本图书馆CIP数据核字(2017)第025306号

责任编辑：张　欣　　责任校对：汪欣怡　　版式设计：马　佳

出版发行：武汉大学出版社　（430072　武昌　珞珈山）
（电子邮件：cbs22@whu.edu.cn　网址：www.wdp.com.cn）
印刷：湖北民政印刷厂
开本：787×1092　1/16　印张：9.75　字数：230千字　插页：1
版次：2017年4月第1版　　2017年4月第1次印刷
ISBN 978-7-307-12842-2　　定价：26.00元

版权所有，不得翻印；凡购我社的图书，如有质量问题，请与当地图书销售部门联系调换。

前　言

　　Spark 是 UC Berkeley AMP Lab（加州大学伯克利分校的 AMP 实验室）所开源的类 Hadoop MapReduce 的通用并行计算框架，同时也是最活跃、最热门的大数据计算平台。和 Hadoop 相比，Spark 具有许多优势，它可以将计算的中间结果保存到内存中，从而不需要读写 HDFS，这种基于内存式的计算方式能更好地适用于数据挖掘、机器学习等需要多次迭代的算法。Spark 通过 RDD 成功的构建了一体化、多元化的大数据处理体系，使得 Spark 在性能上有较强的扩展性。而且在"one stack to rule them all"的思想下构建的 Spark 生态圈，包括 Spark SQL、Spark Streaming、MLlib、GraphX 四大子框架，更使 Spark 在大数据计算领域具有得天独厚的优势。

本书目的：
　　本书的主要目的是介绍如何使用 Spark 进行大数据处理。Spark 当下已成为 Apache 基金会的顶级开源项目，拥有着庞大的社区支持，生态系统日益完善，技术也逐渐走向成熟。

　　随着 Spark 技术的不断成熟，它已被广泛应用于阿里巴巴、百度、网易、英特尔等各大公司的生产环境中，Spark 大数据技术正在如火如荼地发展，许多开发者已经了解 Spark，并且开始使用 Spark，但是关于 Spark 及其开发案例的中文资料比较匮乏，相关书籍也比较少，很多 Spark 初学者和开发人员主要的学习方式仍然限于阅读有限的官方文档、源码，以及网络上零散的博客或文章，使得学习效率较慢。本书也正是为了解决上述问题而着意编写。

　　一般对于初学者来说，学习一门新技术的难点在于两个方面：一是对理论知识的理解，二是如何将理论运用到实践中去。鉴于此，本书在撰写上采用了理论和案例相结合的方式，系统地介绍了 Spark 方面的知识。各章知识间，内容由浅到深，循序渐进，从最基本的 Spark 环境的安装与配置，到 Spark RDD 算子的基本操作，再到 Spark 基础实践中典型案例的实例剖析，最后到 Spark 生态圈，四个子框架的讲解与实践，贯穿整个 Spark 知识系统，从而可以帮助读者更好地理解和运用 Spark 的相关知识。

本书内容：
　　第 1 章：Spark 简介，内容包括介绍 Spark 的基本概念、Spark 生态圈以及如何安装和配置 Spark 开发环境。

　　第 2 章：Spark RDD 算子的概念及基本操作，内容包括 Spark 抽象基石 RDD 的理解、RDD 创建及保存、RDD 的两种基本操作模式 Transformation 和 Action、常用的 Key/Value 操作、RDD API 案例实践、IDE 开发环境的搭建。

　　第 3 章：Spark 基础实践，以七个基础实践案例：WordCount、Top K、中位数求取、倒排索引、CountOnce、倾斜连接、股票趋势预测来讲解开发 Spark 程序的一般步骤。

第 4 章：Spark 进阶实践，内容包括 Spark 生态圈中的 Spark SQL、Spark Streaming 流式计算框架、GraphX 图计算框架、Spark MLlib 机器学习库，通过知识要点和案例结合的方式使读者更容易理解。

第 5 章：Spark 性能调优，内容包括 Spark 配置参数详解、动手实践调整 Spark 配置参数，优化 Spark 性能。

本书特点：

本书避免了纯粹的理论介绍。

本书知识点的讲解都有相应的案例，加深读者兴趣与理解。

本书对整个 Spark 生态系统有较全面的介绍。

本书中的很多实践都值得借鉴，部分案例可直接使用。

本书保留了大部分源码，初学者可以根据源码动手实践。

本书目标读者：

对大数据和分布式计算感兴趣的，想要学习 Spark，但对 Spark 原理不了解，不知如何下手的人。

了解 Spark，但希望通过案例实践加深对 Spark 的认知的读者。

开设相关课程的高校本科生和研究生。

本书由袁景凌、饶文碧、熊盛武撰写，研究生刘东领、秦凤参加了实验测试及编写。

编 者

2017 年 1 月

目 录

第1章 Spark 简介 1
1.1 知识要点 1
1.1.1 Spark 概述 1
1.1.2 Spark 生态系统 3
1.1.3 Spark 架构 5
1.2 案例实践 8

第2章 Spark RDD 算子 26
2.1 知识要点 26
2.1.1 RDD 基础 26
2.1.2 键值对操作 35
2.1.3 数据读取与保存 43
2.2 案例实践 55
2.2.1 RDD API 综合实战 55
2.2.2 使用 Intellij Idea 搭建 Spark 开发环境 59

第3章 Spark 基础实践 69
3.1 知识要点 69
3.1.1 Scala 语言 69
3.1.2 Spark Java、Python 接口 70
3.1.3 Spark 程序执行流程 70
3.2 案例实践 71
3.2.1 WordCount 71
3.2.2 Top K 75
3.2.3 求取中位数 78
3.2.4 倒排索引 80
3.2.5 CountOnce 83
3.2.6 倾斜连接 85
3.3 小结 89

第4章 Spark 进阶实践 … 90
4.1 Spark SQL 原理与实践 … 90
4.1.1 知识要点 … 91
4.1.2 案例实践 … 98
4.2 Spark Streaming 流式计算框架 … 102
4.2.1 知识要点 … 102
4.2.2 案例实践 … 109
4.3 GraphX 图计算框架 … 116
4.3.1 知识要点 … 116
4.3.2 案例实践 … 121
4.4 Spark MLlib 机器学习库 … 124
4.4.1 知识要点 … 124
4.4.2 案例实践 … 131

第5章 Spark 性能优化 … 135
5.1 知识要点 … 135
5.2 案例实践 … 136

参考文献 … 148

第1章　Spark 简介

本章主要介绍 Spark 大数据计算框架、架构、计算模型和数据管理策略及 Spark 在工业界的应用。围绕 Spark 的 BDAS 项目及其子项目进行了简要介绍。目前，Spark 生态系统已经发展成为一个包含多个子项目的集合，其中包含 SparkSQL、Spark Streaming、GraphX、MLlib 等子项目，本节只进行简要介绍，后续章节再详细阐述。

1.1　知识要点

1.1.1　Spark 概述

Spark 是基于内存计算的大数据并行计算框架。Spark 基于内存计算，提高了在大数据环境下数据处理的实时性，同时保证了高容错性和高可伸缩性，允许用户将 Spark 部署在大量廉价硬件之上，形成集群。

Spark 于 2009 年诞生于加州大学伯克利分校 AMP Lab。目前，已经成为 Apache 软件基金会旗下的顶级开源项目。下面是 Spark 的发展历程。

1. Spark 的历史与发展
- 2009 年：Spark 诞生于 AMP Lab。
- 2010 年：开源。
- 2013 年 6 月：Apache 孵化器项目。
- 2014 年 2 月：Apache 顶级项目。
- 2014 年 2 月：Cloudera 宣称加大 Spark 框架的投入来取代 MapReduce。
- 2014 年 4 月：大数据公司 MapR 投入 Spark 阵营，Apache Mahout 放弃 MapReduce，将使用 Spark 作为计算引擎。
- 2014 年 5 月：Pivotal Hadoop 集成 Spark 全栈。
- 2014 年 5 月 30 日：Spark 1.0.0 发布。
- 2014 年 6 月：Spark 2014 峰会在旧金山召开。
- 2014 年 7 月：Hive on Spark 项目启动。

目前 AMPLab 和 Databricks 负责整个项目的开发维护，很多大公司如 Yahoo、Intel 等参与到 Spark 的开发中，同时很多开源爱好者积极参与 Spark 的更新与维护。

AMP Lab 开发以 Spark 为核心的 BDAS 时提出的目标是：one stack to rule them all，也就是说在一套软件栈内完成各种大数据分析任务。相对于 MapReduce 上的批量计算、迭代型计算以及基于 Hive 的 SQL 查询，Spark 可以带来上百倍的性能提升。目前 Spark 的生态系统日趋完善，Spark SQL 的发布、Hive on Spark 项目的启动以及大量大数据公司对 Spark 全栈的支持，让 Spark 的数据分析范式更加丰富。

2. Spark 之与 Hadoop

更准确地说，Spark 是一个计算框架，而 Hadoop 中包含计算框架 MapReduce 和分布式文件系统 HDFS，Hadoop 更广泛地说还包括在其生态系统上的其他系统，如 Hbase、Hive 等。

Spark 是 MapReduce 的替代方案，而且兼容 HDFS、Hive 等分布式存储层，可融入 Hadoop 的生态系统，以弥补缺失 MapReduce 的不足。

Spark 相比 Hadoop MapReduce 的优势如下：

① 中间结果输出

基于 MapReduce 的计算引擎通常会将中间结果输出到磁盘上，进行存储和容错。出于任务管道承接的考虑，当一些查询翻译到 MapReduce 任务时，往往会产生多个 Stage，而这些串联的 Stage 又依赖于底层文件系统（如 HDFS）来存储每一个 Stage 的输出结果。Spark 将执行模型抽象为通用的有向无环图执行计划（DAG），这可以将多 Stage 的任务串联或者并行执行，而无须将 Stage 中间结果输出到 HDFS 中，类似的引擎包括 Dryad、Tez。

② 数据格式和内存布局

由于 MapReduce Schema on Read 处理方式会引起较大的处理开销。Spark 抽象出分布式内存存储结构弹性分布式数据集 RDD，进行数据的存储。RDD 能支持粗粒度写操作，但对于读取操作，RDD 可以精确到每条记录，这使得 RDD 可以用来作为分布式索引。Spark 的特性是能够控制数据在不同节点上的分区，用户可以自定义分区策略，如 Hash 分区等。Shark 和 Spark SQL 在 Spark 的基础之上实现了列存储和列存储压缩。

③ 执行策略

MapReduce 在数据 Shuffle 之前花费了大量的时间来排序，Spark 则可减轻上述问题带来的开销。因为 Spark 任务在 Shuffle 中不是所有情景都需要排序，所以支持基于 Hash 的分布式聚合，调度中采用更为通用的任务执行计划图（DAG），每一轮次的输出结果在内存缓存。

④ 任务调度的开销

传统的 MapReduce 系统，如 Hadoop，是为了运行长达数小时的批量作业而设计的，在某些极端情况下，提交一个任务的延迟非常高。Spark 采用了事件驱动的类库 AKKA 来启动任务，通过线程池复用线程来避免进程或线程启动和切换开销。

3. Spark 能带来什么

① 打造全栈多计算范式的高效数据流水线

Spark 支持复杂查询，在简单的"map"及"reduce"操作之外，Spark 还支持 SQL 查询、流式计算、机器学习和图算法。同时，用户可以在同一个工作流中无缝搭配这些计算范式。

② 轻量级快速处理

Spark 1.0 核心代码只有 4 万行。这是由于 Scala 语言的简洁和丰富的表达力，以及 Spark 充分利用和集成 Hadoop 等其他第三方组件，同时着眼于大数据处理，数据处理速度是至关重要的，Spark 通过将中间结果缓存在内存减少磁盘 I/O 来达到性能的提升。

③ 易于使用

Spark 支持多语言，Spark 支持通过 Scala、Java 及 Python 编写程序，这允许开发者在自己熟悉的语言环境下进行工作。它自带了 80 多个算子，同时允许在 Shell 中进行交互式计算。用户可以利用 Spark 像书写单机程序一样书写分布式程序，轻松利用 Spark 搭建大数据内存计算平台并充分利用内存计算，实现海量数据的实时处理。

④ 与 HDFS 等存储层兼容

Spark 可以独立运行，除了可以运行在当下的 YARN 等集群管理系统之外，它还可以读取已有的任何 Hadoop 数据。这是个非常大的优势，它可以运行在任何 Hadoop 数据源上，如 Hive、HBase、HDFS 等。这个特性让用户可以轻易迁移已有的持久化层数据。

⑤ 社区活跃度高

Spark 起源于 2009 年，当下已有超过 50 个机构、260 个工程师贡献过代码。开源系统的发展不应只看一时之快，更重要的是支持一个活跃的社区和强大的生态系统。同时我们也应该看到 Spark 并不是完美的，RDD 模型适合的是粗粒度的全局数据并行计算。不适合细粒度的、需要异步更新的计算。对于一些计算需求，如果要针对特定工作负载达到最优性能，还是需要使用一些其他的大数据系统。例如，图计算领域的 GraphLab 在特定计算负载性能上优于 GraphX，流计算中的 Storm 在实时性要求很高的场合要比 SparkStreaming 更胜一筹。

随着 Spark 发展势头日趋迅猛，它已被广泛应用于 Yahoo、Twitter、阿里巴巴、百度、网易、英特尔等各大公司的生产环境中。

1.1.2 Spark 生态系统

目前，Spark 已经发展成为包含众多子项目的大数据计算平台。伯克利将 Spark 的整个生态系统称为伯克利数据分析栈(BDAS)。其核心框架是 Spark，同时 BDAS 涵盖支持结构化数据 SQL 查询与分析的查询引擎 Spark SQL 和 Shark，提供机器学习功能的系统 MLbase 及底层的分布式机器学习库 MLlib、并行图计算框架 GraphX、流计算框架 Spark Streaming、采样近似计算查询引擎 BlinkDB、内存分布式文件系统 Tachyon、资源管理框架 Mesos 等子项目。这些子项目在 Spark 上层提供了更高层、更丰富的计算范式，图 1-1 为 BDAS 的项目结构图。

下面对 BDAS 的各个子项目进行更详细的介绍。

(1) Spark 是整个 BDAS 的核心组件，是一个大数据分布式编程框架，不仅实现了 MapReduce 的算子 map 函数和 reduce 函数及计算模型，还提供了更为丰富的算子，如 filter、join、groupByKey 等。Spark 将分布式数据抽象为弹性分布式数据集(RDD)，实现了应用任务调度、RPC、序列化和压缩，并为运行在其上的上层组件提供 API。其底层采用 Scala 这种函数式语言书写而成，并且所提供的 API 深度借鉴了 Scala 函数式的编程思想，提供与 Scala 类似的编程接口。图 1-2 为 Spark 的处理流程(主要对象为 RDD)。

Spark 将数据在分布式环境下分区，然后将作业转化为有向无环图(DAG)，并分阶段进行 DAG 的调度和任务的分布式并行处理。

(2) Shark 是构建在 Spark 和 Hive 基础之上的数据仓库。目前，Shark 已经完成学术使

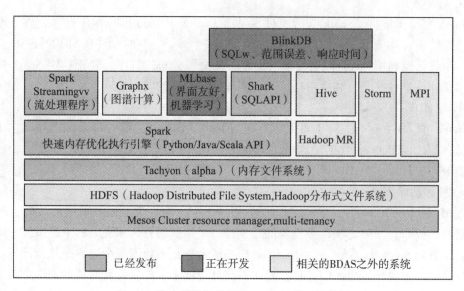

图 1-1　伯克利数据分析栈(BDAS)项目结构图

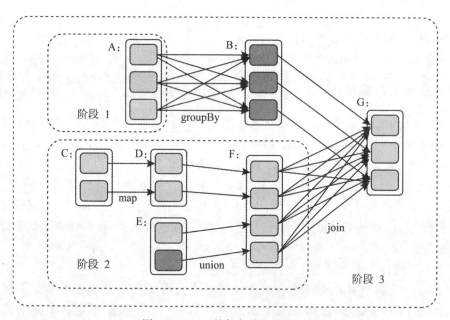

图 1-2　Spark 的任务处理流程图

命,终止开发,但其架构和原理仍具有借鉴意义。它提供了能够查询 Hive 中所存储数据的一套 SQL 接口,兼容现有的 Hive QL 语法。这样,熟悉 Hive QL 或者 SQL 的用户可以基于 Shark 进行快速的 Ad-Hoc、Reporting 等类型的 SQL 查询。Shark 底层复用 Hive 的解析器、优化器以及元数据存储和序列化接口。Shark 会将 Hive QL 编译转化为一组 Spark 任务,进行分布式运算。

(3) Spark SQL 提供在大数据上的 SQL 查询功能，类似于 Shark 在整个生态系统的角色，它们可以统称为 SQL on Spark。之前，Shark 的查询编译和优化器依赖于 Hive，使得 Shark 不得不维护一套 Hive 分支，而 Spark SQL 使用 Catalyst 做查询解析和优化器，并在底层使用 Spark 作为执行引擎实现 SQL 的 Operator。用户可以在 Spark 上直接书写 SQL，相当于为 Spark 扩充了一套 SQL 算子，这无疑更加丰富了 Spark 的算子和功能，同时 Spark SQL 不断兼容不同的持久化存储(如 HDFS、Hive 等)，为其发展奠定了广阔的空间。

(4) Spark Streaming 通过将流数据按指定时间片累积为 RDD，然后将每个 RDD 进行批处理，进而实现大规模的流数据处理。其吞吐量能够超越现有主流处理框架 Storm，并提供丰富的 API 用于流数据计算。

(5) GraphX 基于 BSP 模型，在 Spark 之上封装类似 Pregel 的接口，进行大规模同步全局的图计算，尤其是当用户进行多轮迭代时，基于 Spark 内存计算的优势尤为明显。

(6) Tachyon 是一个分布式内存文件系统，可以理解为内存中的 HDFS。为了提供更高的性能，将数据存储剥离 Java Heap。用户可以基于 Tachyon 实现 RDD 或者文件的跨应用共享，并提供高容错机制，保证数据的可靠性。

(7) Mesos 是一个资源管理框架，提供类似于 YARN 的功能。用户可以在其中插件式地运行 Spark、MapReduce、Tez 等计算框架的任务。Mesos 会对资源和任务进行隔离，并实现高效的资源任务调度。(注：Spark 自带的资源管理框架是 Standalone)

(8) BlinkDB 是一个用于在海量数据上进行交互式 SQL 的近似查询引擎。它允许用户通过在查询准确性和查询响应时间之间做出权衡，完成近似查询。其数据的精度被控制在允许的误差范围内。为了达到这个目标，BlinkDB 的核心思想是：通过一个自适应优化框架，随着时间的推移，从原始数据建立并维护一组多维样本；通过一个动态样本选择策略，选择一个适当大小的示例，然后基于查询的准确性和响应时间满足用户查询需求。

1.1.3 Spark 架构

从上文介绍可以看出，Spark 是整个 BDAS 的核心。生态系统中的各个组件通过 Spark 来实现对分布式并行任务处理的程序支持。

1. Spark 代码架构

图 1-3 展示了 Spark-1.0 的代码结构和代码量(不包含 Test 和 Sample 代码)，学生可以通过代码架构对 Spark 的整体组件有一个初步了解，正是这些代码模块构成了 Spark 架构中的各个组件，同时学生可以通过代码模块的脉络阅读与剖析源码，这对于了解 Spark 的架构和实现细节都是很有帮助的。

下面对图 1-3 中的各模块进行简要介绍：

- scheduler：文件夹中含有负责整体的 Spark 应用、任务调度的代码。
- broadcast：含有 Broadcast(广播变量)的实现代码，API 中是 Java 和 Python API 的实现。
- deploy：含有 Spark 部署与启动运行的代码。
- common：不是一个文件夹，而是代表 Spark 通用的类和逻辑实现，有 5000 行代码。
- metrics：是运行时状态监控逻辑代码，Executor 中含有 Worker 节点负责计算的逻辑代码。

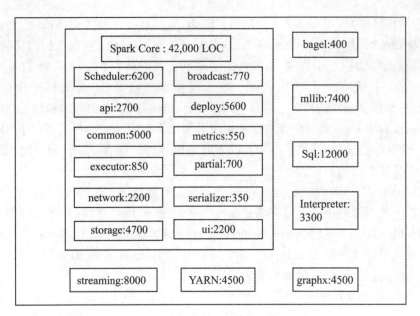

图 1-3 Spark 代码结构和代码量

- partial：含有近似评估代码。
- network：含有集群通信模块代码。
- serializer：含有序列化模块的代码。
- storage：含有存储模块的代码。
- ui：含有监控界面的代码逻辑。其他的代码模块分别是对 Spark 生态系统中其他组件的实现。
- streaming：是 Spark Streaming 的实现代码。
- YARN：是 Spark on YARN 的部分实现代码。
- graphx：含有 GraphX 实现代码。
- interpreter：代码交互式 Shell 的代码量为 3300 行。
- mllib：代表 MLlib 算法实现的代码量。
- sql：代表 Spark SQL 的代码量。

2. Spark 的架构

Spark 架构采用了分布式计算中的 Master-Slave 模型。Master 是对应集群中的含有 Master 进程的节点，Slave 是集群中含有 Worker 进程的节点。Master 作为整个集群的控制器，负责整个集群的正常运行；Worker 相当于是计算节点，接收主节点命令与进行状态汇报；Executor 负责任务的执行；Client 作为用户的客户端负责提交应用，Driver 负责控制一个应用的执行，如图 1-4 所示。

Spark 集群部署后，需要在主节点和从节点分别启动 Master 进程和 Worker 进程，对整个集群进行控制。在一个 Spark 应用的执行过程中，Driver 和 Worker 是两个重要角色。Driver 程序是应用逻辑执行的起点，负责作业的调度，即 Task 任务的分发，而多个

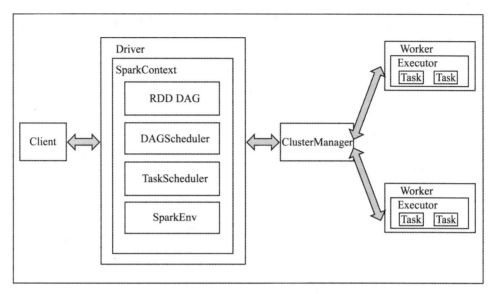

图 1-4 Spark 框架图

Worker 用来管理计算节点和创建 Executor 并行处理任务。在执行阶段，Driver 会将 Task 和 Task 所依赖的 file 和 jar 序列化后传递给对应的 Worker 机器，同时 Executor 对相应数据分区的任务进行处理。

下面详细介绍 Spark 的架构中的基本组件。

- ClusterManager：在 Standalone 模式中即为 Master（主节点），控制整个集群，监控 Worker。在 YARN 模式中为资源管理器。
- Worker：从节点，负责控制计算节点，启动 Executor 或 Driver。在 YARN 模式中为 NodeManager，负责计算节点的控制。
- Driver：运行 Application 的 main() 函数并创建 SparkContext。
- Executor：执行器，在 worker node 上执行任务的组件、用于启动线程池运行任务。每个 Application 拥有独立的一组 Executors。
- SparkContext：整个应用的上下文，控制应用的生命周期。
- RDD：Spark 的基本计算单元，一组 RDD 可形成执行的有向无环图 RDD Graph。
- DAG Scheduler：根据作业（Job）构建基于 Stage 的 DAG，并提交 Stage 给 TaskScheduler。
- TaskScheduler：将任务（Task）分发给 Executor 执行。
- SparkEnv：线程级别的上下文，存储运行时的重要组件的引用。
- SparkEnv 内创建并包含如下一些重要组件的引用。
- MapOutPutTracker：负责 Shuffle 元信息的存储。
- BroadcastManager：负责广播变量的控制与元信息的存储。
- BlockManager：负责存储管理、创建和查找块。
- MetricsSystem：监控运行时性能指标信息。

- SparkConf：负责存储配置信息。

Spark 的整体流程为：Client 提交应用，Master 找到一个 Worker 启动 Driver，Driver 向 Master 或者资源管理器申请资源，之后将应用转化为 RDD Graph，再由 DAGScheduler 将 RDD Graph 转化为 Stage 的有向无环图提交给 TaskScheduler，由 TaskScheduler 提交任务给 Executor 执行。在任务执行的过程中，其他组件协同工作，确保整个应用顺利执行。

3. Spark 运行逻辑

如图 1-5 所示，在 Spark 应用中，整个执行流程在逻辑上会形成有向无环图（DAG）。Action 算子触发之后，将所有累积的算子形成一个有向无环图，然后由调度器调度该图上的任务进行运算。Spark 的调度方式与 MapReduce 有所不同。Spark 根据 RDD 之间不同的依赖关系切分形成不同的阶段（Stage），一个阶段包含一系列函数执行流水线。图中的 A、B、C、D、E、F 分别代表不同的 RDD，RDD 内的方框代表分区。数据从 HDFS 输入 Spark，形成 RDD A 和 RDD C，RDD C 上执行 map 操作，转换为 RDD D、RDD B 和 RDD E 执行 join 操作，转换为 F，而在 B 和 E 连接转化为 F 的过程中又会执行 Shuffle，最后 RDD F 通过函数 saveAsSequenceFile 输出并保存到 HDFS 中。

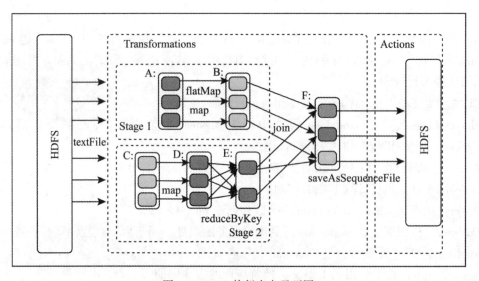

图 1-5　Spark 执行有向无环图

1.2　案例实践

Spark 的安装简便，学生可以在官网上下载到最新的软件包，网址为 http：//spark.apache.org/。Spark 最早是为了在 Linux 平台上使用而开发的，在生产环境中也是部署在 Linux 平台上，但是 Spark 在 UNIX、Windows 和 Mac OS X 系统上也运行良好。不过，在 Windows 上运行 Spark 稍显复杂，必须先安装 Cygwin 以模拟 Linux 环境，才能安装 Spark。

由于 Spark 主要使用 HDFS 充当持久化层，所以完整地使用 Spark 需要预先安装

Hadoop。下面介绍 Spark 集群的安装和部署。

  Spark 在生产环境中，主要部署在安装有 Linux 系统的集群中。在 Linux 系统中安装 Spark 需要预先安装 JDK、Scala 等所需的依赖。由于 Spark 是计算框架，所以需要预先在集群内搭建好存储数据的持久化层，如 HDFS、Hive、Cassandra 等。最后用户就可以通过启动脚本运行应用了。

  1. 在 Linux 集群上安装与配置 Spark

  （1）安装 JDK

  本例以 JDK 1.8 为例，学生可以在 Oracle JDK 官网下载相应的 JDK 版本，官网地址为：http://www.oracle.com/technetwork/java/javase/downloads/index.html。

- 解压安装包

  Linux 系统下，下载 tar.gz 安装包 jdk-8u60-linux-x64.tar.gz，将其解压到自定义目录/usr/cx/下，执行如下命令：

```
tar-zxvf /usr/software/jdk-8u60-linux-x64.tar.gz-C /usr/cx
```

- 配置环境变量

```
vi ~/.bashrc JAVA_HOME=/usr/cx/jdk1.8.0_60 PATH=$JAVA_HOME/bin:$PATH
CLASSPATH=.:$JAVA_HOME/jre/lib/rt.jar:$JAVA_HOME/jre/lib/tools.jar
export JAVA_HOME PATH CLASSPATH
```

  保存退出，更新环境变量，执行如下命令：

```
source ~/.bashrc
```

  （2）配置 SSH 免密码登录

  在集群管理和配置中有很多工具可以使用。例如，可以采用 pssh 等 Linux 工具在集群中分发与复制文件，也可以自己书写 Shell、Python 的脚本分发包。

  Spark 的 Master 节点向 Worker 节点发命令需要通过 ssh 进行发送，通常情况下不希望 Master 每发送一次命令就输入一次密码，因此需要实现 Master 无密码登录到所有 Worker。

  Master 作为客户端，要实现无密码公钥认证，连接到服务端 Worker。需要在 Master 上生成一个密钥对，包括一个公钥和一个私钥，然后将公钥复制到 Worker 上。当 Master 通过 ssh 连接 Woker 时，Worker 就会生成一个随机数并用 Master 的公钥对随机数进行加密，发送给 Master。Master 收到加密数之后再用私钥进行解密，并将解密数回传给 Worker，Worker 确认解密数无误之后，允许 Master 进行连接。这就是一个公钥认证过程，其间不需要手工输入密码，主要过程是将 Master 节点公钥复制到 Worker 节点上。下面介绍如何配置 Master 与 Worker 之间的 SSH 免密码登录。

a)集群配置(本文是在伪集群模式下进行实验的,关于集群模式在此只做介绍)
- 在 Master 节点上,执行以下命令:

ssh-keygen -t rsa

- 打印日志执行以下命令:

Generating public/private rsa key pair.
Enter file in which to save the key(/root/.ssh/id_rsa):
/*回车,设置默认路径*/
Enter passphrase(empty for no passphrase):
/*回车,设置空密码*/
Enter same passphrase again:
Your identification has been saved in /root/.ssh/id_rsa. Your public key has been saved in /root/.ssh/id_rsa.pub.

如果是 root 用户,则在/root/.ssh/目录下生成一个私钥 id_rsa 和一个公钥 id_rsa.pub。把 Master 上的 id_rsa.pub 文件追加到 Worker 的 authorized_keys 内,以 172.20.14.144(Worker)节点为例。
- 复制 Master 的 id_rsa.pub 文件

scp id_rsa.pub root@172.20.14.144:/home
/*可使用 pssh 对全部节点分发*/

- 登录 172.20.14.144(Worker 节点),执行以下命令。

cat /home/id_rsa.pub >>/root/.ssh/authorized_keys
/*可使用 pssh 对全部节点分发*/

其他的 Worker 执行同样的操作。
注:配置完毕,如果 Master 仍然不能访问 Worker,可以修改 Worker 的 authorized_keys 文件的权限,命令为 chmod 600 authorized_keys。
b)伪集群配置,因为我们配置的是伪集群,所以只有一台机器,步骤简化一些。
- 在计算机终端,执行命令如下

ssh-keygen -t rsa

结果显示如下(每个选项按回车进行确定):

```
[root@master ~]# ssh-keygen -t rsa
Generating public/private rsa key pair.
Enter file in which to save the key (/root/.ssh/id_rsa):
Enter passphrase (empty for no passphrase):
Enter same passphrase again:
Your identification has been saved in /root/.ssh/id_rsa.
Your public key has been saved in /root/.ssh/id_rsa.pub.
The key fingerprint is:
3b:2a:88:00:47:dd:64:af:4c:04:ef:51:d1:b7:ad:ca root@master
The key's randomart image is:
+--[ RSA 2048]----+
|    ..++ oo      |
|    ..+.o . .    |
|   .  +. . o     |
|..    + o . .    |
|..    + S  .     |
|.         .      |
|...     o.       |
|.... . .E        |
|     ..          |
+-----------------+
```

- 复制 id_rsa.pub 文件

cp /root/.ssh/id_rsa.pub /root/.ssh/authorized_keys

结果显示如下:

```
[root@master ~]# cd /root/.ssh/
[root@master .ssh]# ls
id_rsa  id_rsa.pub
[root@master .ssh]# cp id_rsa.pub authorized_keys
[root@master .ssh]# ls
authorized_keys  id_rsa  id_rsa.pub
```

（3）安装 Hadoop

a）解压 tar 包

tar-zxvf /usr/software/hadoop-2.7.1.tar.gz-C /usr/cx

注：下载 Hadoop 的官网地址为 http://hadoop.apache.org/。

b）配置 Hadoop 环境变量
- 编辑 ~/.bashrc 文件

vim ~/.bashrc

- 在 ~/.bashrc 文件中增加以下内容

export HADOOP_INSTALL=/usr/cx/hadoop-2.7.1
export PATH=$PATH:$HADOOP_INSTALL/bin
export PATH=$PATH:$HADOOP_INSTALL/sbin
export HADOOP_MAPRED_HOME=$HADOOP_INSTALL
export HADOOP_COMMON_HOME=$HADOOP_INSTALL
export HADOOP_HDFS_HOME=$HADOOP_INSTALL
export YARN_HOME=$HADOOP_INSTALL

结果显示如下：

```
#set java environment
JAVA_HOME=/usr/cx/jdk1.8.0_60
PATH=$JAVA_HOME/bin:$PATH
CLASSPATH=.:$JAVA_HOME/jre/lib/rt.jar:$JAVA_HOME/jre/lib/tools.jar
export JAVA_HOME PATH CLASSPATH

#set hadoop environment
export HADOOP_INSTALL=/usr/cx/hadoop-2.7.1
export PATH=$PATH:$HADOOP_INSTALL/bin
export PATH=$PATH:$HADOOP_INSTALL/sbin
export HADOOP_MAPRED_HOME=$HADOOP_INSTALL
export HADOOP_COMMON_HOME=$HADOOP_INSTALL
export HADOOP_HDFS_HOME=$HADOOP_INSTALL
export YARN_HOME=$HADOOP_INSTALL

#set scala environment
export SCALA_HOME=/usr/cx/scala-2.11.7
export PATH=$SCALA_HOME/bin:$PATH
```

- 检测 Hadoop 是否安装配置成功，执行如下命令：

hadoop

结果显示如下：

```
[root@master hadoop]# hadoop
Usage: hadoop [--config confdir] [COMMAND | CLASSNAME]
  CLASSNAME            run the class named CLASSNAME
 or
  where COMMAND is one of:
  fs                   run a generic filesystem user client
  version              print the version
  jar <jar>            run a jar file
                       note: please use "yarn jar" to launch
                             YARN applications, not this command.
  checknative [-a|-h]  check native hadoop and compression libraries availability
  distcp <srcurl> <desturl> copy file or directories recursively
  archive -archiveName NAME -p <parent path> <src>* <dest> create a hadoop archive
  classpath            prints the class path needed to get the
  credential           interact with credential providers
                       Hadoop jar and the required libraries
  daemonlog            get/set the log level for each daemon
  trace                view and modify Hadoop tracing settings

Most commands print help when invoked w/o parameters.
```

c) 编辑配置文件
- 进入 hadoop 所在目录

cd /usr/cx/hadoop-2.7.1/etc/hadoop/

- 配置 hadoop-env.sh

export JAVA_HOME=/usr/cx/jdk1.8.0_60

- 配置 core-site.xml

```
<configuration>
/*这里的值指的是默认的 HDFS 路径*/
<property>
<name>fs.defaultFS</name>
<value>hdfs://master:9000</value>
</property>
/*缓冲区大小:io.file.buffer.size 默认是 4KB*/
<property>
<name>io.file.buffer.size</name>
<value>131072</value>
</property>
/*临时文件夹路径*/
<property>
<name>hadoop.tmp.dir</name>
<value>file:/usr/tmp</value>
<description>Abase for other temporary directories.</description>
</property>
<property>
<name>hadoop.proxyuser.hduser.hosts</name>
<value>*</value>
</property>
<property>
<name>hadoop.proxyuser.hduser.groups</name>
<value>*</value>
</property>
</configuration>
```

- 配置 yarn-site.xml 文件

```
<configuration>
<property>
<name>yarn.nodemanager.aux-services</name>
<value>mapreduce_shuffle</value>
</property>
<property>
<name>yarn.nodemanager.aux-services.mapreduce.shuffle.class</name>
<value>org.apache.hadoop.mapred.ShuffleHandler</value>
</property>
/*resourcemanager 的地址*/
<property>
<name>yarn.resourcemanager.address</name>
<value>master:8032</value>
</property>
/*调度器的端口*/
<property>
<name>yarn.resourcemanager.scheduler.address</name>
<value>master:8030</value>
</property>
/*resource-tracker 端口*/
<property>
<name>yarn.resourcemanager.resource-tracker.address</name>
<value>master:8031</value>
</property>
/*resourcemanager 管理器端口*/
<property>
<name>yarn.resourcemanager.admin.address</name>
<value>master:8033</value>
</property>
/*ResourceManager 的 Web 端口,监控 job 的资源调度*/
<property>
<name>yarn.resourcemanager.webapp.address</name>
<value>master:8088</value>
</property>
</configuration>
```

- 配置 mapred-site.xml 文件

  首先将 mapred-site.xml.template 复制为 mapred-site.xml 文件。执行命令如下：

cp mapred-site.xml.template mapred-site.xml

再对 mapred-site.xml 文件进行配置。

```
<configuration>
/*hadoop 对 map-reduce 运行框架一共提供了 3 种实现,在 mapred-site.xml 中通过
"mapreduce.framework.name"这个属性来设置为"classic"、"yarn"或者"local" */
<property>
<name>mapreduce.framework.name</name>
<value>yarn</value>
</property>
/* MapReduce JobHistory Server 地址 */
<property>
<name>mapreduce.jobhistory.address</name>
<value>master:10020</value>
</property>
/* MapReduce JobHistory Server Web UI 地址 */
<property>
<name>mapreduce.jobhistory.webapp.address</name>
<value>master:19888</value>
</property>
</configuration>
```

d) 创建 namenode 和 datanode 目录，并配置其相应路径
- 创建 namenode 和 datanode 目录，执行以下命令

mkdir /hdfs/namenode
mkdir /hdfs/datanode

- 执行命令后，再次回到目录/usr/cx/hadoop-2.7.1/etc/hadoop，配置 hdfs-site.xml 文件，在文件中添加如下内容。

```
<configuration>
/*配置主节点名和端口号*/
<property>
```

```
<name>dfs. namenode. secondary. http-address</name>
<value>master：9001</value>
</property>
/*配置从节点名和端口号*/
<property>
<name>dfs. namenode. name. dir</name>
<value>file：/hdfs/namenode</value>
</property>
/*配置 datanode 的数据存储目录*/
<property>
<name>dfs. datanode. data. dir</name>
<value>file：/hdfs/datanode</value>
</property>
/*配置副本数*/
<property>
<name>dfs. replication</name>
<value>1</value>
</property>
/*将 dfs. webhdfs. enabled 属性设置为 true，否则就不能使用 webhdfs 的 LISTSTATUS、LISTFILESTATUS 等需要列出文件、文件夹状态的命令，因为这些信息都是由 namenode 保存的*/
<property>
<name>dfs. webhdfs. enabled</name>
<value>true</value>
</property>
</configuration>
```

e）配置/etc/sysconfig/network 和 slave 文件

- /etc/sysconfig/network 文件负责配置主节点的主机名。例如，主节点名为 master，则需要在/etc/sysconfig/network 修改内容，打开文件：

vim /etc/sysconfig/network

- 修改内容结果显示如下：

```
NETWORKING=yes
HOSTNAME=master
```

- 保存退出，重启电脑后查看结果，执行命令如下：

hostname

结果显示如下：

```
[root@master hadoop]# hostname
master
```

- 修改 hosts 中的主机名，执行命令如下：

vim /etc/hosts

显示结果如下：

```
127.0.0.1    master localhost localhost.localdomain localhost4 localhost4.localdomain4
::1          localhost localhost.localdomain localhost6 localhost6.localdomain6
```

- 保存退出，检测结果，执行命令如下：

ping master

若修改成功，结果如下：

```
[root@master hadoop]# ping master
PING master (127.0.0.1) 56(84) bytes of data.
64 bytes from master (127.0.0.1): icmp_seq=1 ttl=64 time=0.032 ms
64 bytes from master (127.0.0.1): icmp_seq=2 ttl=64 time=0.038 ms
64 bytes from master (127.0.0.1): icmp_seq=3 ttl=64 time=0.044 ms
64 bytes from master (127.0.0.1): icmp_seq=4 ttl=64 time=0.052 ms
64 bytes from master (127.0.0.1): icmp_seq=5 ttl=64 time=0.046 ms
64 bytes from master (127.0.0.1): icmp_seq=6 ttl=64 time=0.044 ms
64 bytes from master (127.0.0.1): icmp_seq=7 ttl=64 time=0.046 ms
64 bytes from master (127.0.0.1): icmp_seq=8 ttl=64 time=0.048 ms
64 bytes from master (127.0.0.1): icmp_seq=9 ttl=64 time=0.042 ms
64 bytes from master (127.0.0.1): icmp_seq=10 ttl=64 time=0.021 ms
```

- 配置 slaves 文件添加从节点主机名，这样主节点就可以通过配置文件找到从节点，和从节点进行通信。我们使用的是伪集群配置。

集群配置，例如，以 Slave1~Slave5 为从节点的主机名，就需要在 slaves 文件中添加如下信息。

/Slave * 为从节点主机名 */
Slave1

Slave2

Slave3

Slave4

Slave5

伪集群配置

/master 为从节点主机名,因为是伪集群配置,所以主节点和从节点是一台机器,名称是一致的/ master

f)将 Hadoop 的所有文件通过 pssh 分发到各个节点(因为我们配置的是伪集群,所以这一步骤可以省略),执行如下命令:

./pssh-h hosts.txt-r /hadoop /

g)格式化 Namenode

hadoop namenode-format

h)启动 Hadoop

start-all.sh

i)查看是否配置和启动成功,查看相应的 JVM 进程,执行如下命令:

jps

结果显示如下:

```
[root@master hadoop-2.7.1]# jps
2770 SecondaryNameNode
3032 NodeManager
3883 Jps
3548 DataNode
2478 NameNode
2927 ResourceManager
```

注:如果 ResourceManager 一直不能启动,在 yarn-site.xml 里面把这段代码去掉

<property>

```
<name>yarn.resourcemanager.webapp.address</name>
<value>zhangxin@10.7.7.75：8088</value>
</property>
```

(4)安装 Scala

本例中我们使用 Scala 的版本是 scala-2.11.7，Scala 官网提供各个版本的 Scala，学生可需要根据 Spark 官方规定的 Scala 版本进行下载和安装。Scala 官网地址为 http://www.scala-lang.org/。

a)解压 scala-2.11.7.tgz 压缩包

```
tar-zxvf /usr/software/scala-2.11.7.tgz-C /usr/cx
```

b)配置环境变量，在~/.bashrc 文件中添加下面的内容

```
exportSCALA_HOME=/usr/cx/scala-2.11.7
export PATH=$SCALA_HOME/bin：$PATH
```

结果显示如下：

```
#set scala environment
export SCALA_HOME=/usr/cx/scala-2.11.7
export PATH=$SCALA_HOME/bin:$PATH
```

c)使~/.bashrc 文件更新生效，执行如下命令

```
source ~/.bashrc
```

d)检查配置是否成功，执行如下命令

```
scala
```

结果显示如下：

```
[root@master hadoop-2.7.1]# scala
Welcome to Scala version 2.11.7 (Java HotSpot(TM) 64-Bit Server VM, Java 1.8.0_6
0).
Type in expressions to have them evaluated.
Type :help for more information.

scala>
```

(5) 安装 Spark

本例中使用的 Spark 版本是 spark-1.5.1-bin-hadoop2.6.tgz，学生也可以进入官网 http://spark.apache.org/downloads.html，下载对应 Hadoop 版本的 Spark 程序包。

接下来我们为学生介绍 Spark 的安装与配置。

a) 解压 spark-1.5.1-bin-hadoop2.6.tgz 压缩包

tar-zxvf /usr/software/spark-1.5.1-bin-hadoop2.6.tgz-C /usr/cx

进入 spark 的安装根目录

cd /usr/cx/spark-1.5.1-bin-hadoop2.6

b) 配置 Spark 根目录下的 conf/spark-env.sh 文件复制 spark-env.sh.template 文件，执行如下命令

cp conf/spark-env.sh.template conf/spark-env.sh

编辑 conf/spark-env.sh 文件，加入下面的配置参数。

export SCALA_HOME=/usr/cx/scala-2.11.7
export SPARK_WORKER_MEMORY=1g
export SPARK_MASTER_IP=主机的 IP 地址
export MASTER=spark：//主机的 IP 地址

参数 SPARK_WORKER_MEMORY 决定在每一个 Worker 节点上可用的最大内存，增加这个数值可以在内存中缓存更多数据，但是一定要给 Slave 的操作系统和其他服务预留足够的内存。需要配置 SPARK_MASTER_IP 和 MASTER，否则会造成 Slave 无法注册主机错误。

注：学生可以配置基本的参数，其他更复杂的参数请见官网的配置(Configuration)页面 http://spark.apache.org/docs/latest/configuration.html。

c) 配置 Spark 根目录下的 conf/slaves 文件

- 复制 slaves.template 文件，执行如下命令

cp conf/slaves.template conf/slaves

- 配置 worker 节点

配置集群环境，以 5 个 Worker 节点为例，将节点的主机名加入 slaves 文件中。

Slave1
Slave2
Slave3
Slave4
Slave5

配置伪集群环境 我们配置的是伪集群环境，只有一台机器，将节点的主机名加入 slaves 文件中。

master

结果显示如下：

```
# A Spark Worker will be started on each of the machines listed below.
master
```

（6）启动集群
　a）Saprk 启动与关闭
- 在 Spark 根目录启动 Spark

./sbin/start-all.sh

- 关闭 Spark

./sbin/stop-all.sh

　b）Hadoop 的启动与关闭
- 在 Hadoop 根目录启动 Hadoop

./sbin/start-all.sh

- 关闭 Hadoop

./sbin/stop-all.sh

　c）检测是否安装成功

集群环境(由于本文使用伪集群进行实验，因此集群环境只作为说明)
- 正常状态下的 master 节点如下，执行如下命令：

jps

结果显示如下：

23526 Jps
2127 Master
7396 NameNode
7594 SecondaryNameNode
7681 ResourceManager

- 利用 ssh 登录 Worker 节点，以 slave2 为例，执行如下命令：

ssh slave2
jps

结果显示如下：

1405 Worker
1053 DataNode
22455 Jps
31935 NodeManager

伪集群环境
- 执行 jps 命令，结果显示如下：

```
[root@master spark-1.5.1-bin-hadoop2.6]# jps
2770 SecondaryNameNode
3032 NodeManager
4505 Worker
4361 Master
3548 DataNode
4541 Jps
2478 NameNode
2927 ResourceManager
```

至此，我们已经完成了 Linux 集群上安装与配置 Spark 集群的步骤。
注：若是 Hadoop 的 datanode 节点不能启动，则将/hdfs/datanode/current 文件删除再重新建立即可，然后重新执行 Hadoop 启动命令即可。执行命令如下：

rm-rf /hdfs/datanode/current
mkdir /hdfs/datanode/current

2. Spark 集群初试

假设已经按照上述步骤配置完成 Spark 集群，可以通过两种方式运行 Spark 中的样例。下面以 Spark 项目中的 SparkPi 为例，可以用以下方式执行样例。

（1）在 Spark 根目录下以 ./run-example 的方式执行，学生可以按照下面的命令执行 Spark 样例。

./bin/run-example org.apache.spark.examples.SparkPi

显示结果如下：

```
15/11/02 11:55:01 INFO DAGScheduler: Job 0 finished: reduce at SparkPi.scala:36, took 2.522079 s
Pi is roughly 3.1459
15/11/02 11:55:01 INFO SparkUI: Stopped Spark web UI at http://192.168.30.141:4040
15/11/02 11:55:01 INFO DAGScheduler: Stopping DAGScheduler
15/11/02 11:55:02 INFO MapOutputTrackerMasterEndpoint: MapOutputTrackerMasterEndpoint stopped!
15/11/02 11:55:02 INFO MemoryStore: MemoryStore cleared
15/11/02 11:55:02 INFO BlockManager: BlockManager stopped
15/11/02 11:55:02 INFO BlockManagerMaster: BlockManagerMaster stopped
15/11/02 11:55:02 INFO OutputCommitCoordinator$OutputCommitCoordinatorEndpoint: OutputCommitCoordinator stopped!
15/11/02 11:55:02 INFO RemoteActorRefProvider$RemotingTerminator: Shutting down remote daemon.
15/11/02 11:55:02 INFO RemoteActorRefProvider$RemotingTerminator: Remote daemon shut down; proceeding with flushing remote transports.
15/11/02 11:55:02 INFO SparkContext: Successfully stopped SparkContext
15/11/02 11:55:02 INFO ShutdownHookManager: Shutdown hook called
15/11/02 11:55:02 INFO ShutdownHookManager: Deleting directory /tmp/spark-b9309f81-7c1f-43e7-9aea-df0086252b7b
15/11/02 11:55:02 INFO RemoteActorRefProvider$RemotingTerminator: Remoting shut down.
```

（2）在 Spark 根目录下以 ./Spark Shell 的方式执行

- Spark 自带交互式的 Shell 程序，方便学生进行交互式编程。下面进入 Spark Shell 的交互式界面。

./bin/spark-shell

显示结果如下：

```
[root@master spark-1.5.1-bin-hadoop2.6]# bin/spark-shell
log4j: WARN No appenders could be found for logger (org.apache.hadoop.metrics2.lib.Mut
ableMetricsFactory).
log4j: WARN Please initialize the log4j system properly.
log4j: WARN See http://logging.apache.org/log4j/1.2/faq.html#noconfig for more info.
Using Spark's repl log4j profile: org/apache/spark/log4j-defaults-repl.properties
To adjust logging level use sc.setLogLevel("INFO")
Welcome to
      ____              __
     / __/__  ___ _____/ /__
    _\ \/ _ \/ _ `/ __/  '_/
   /___/ .__/\_,_/_/ /_/\_\   version 1.5.1
      /_/

Using Scala version 2.10.4 (Java HotSpot(TM) 64-Bit Server VM, Java 1.8.0_60)
Type in expressions to have them evaluated.
Type :help for more information.
15/11/02 13:48:36 WARN Utils: Your hostname, master resolves to a loopback address: 1
27.0.0.1; using 192.168.30.141 instead (on interface eth1)
15/11/02 13:48:36 WARN Utils: Set SPARK_LOCAL_IP if you need to bind to another addre
ss
15/11/02 13:48:38 WARN MetricsSystem: Using default name DAGScheduler for source beca
use spark.app.id is not set.
Spark context available as sc.
```

- 学生可以将下面的例子复制进 Spark Shell 中执行。

```scala
import scala.math.random
import org.apache.spark._
object SparkPi {
    def main(args: Array[String]) { val slices = 2
        val n = 100000 * slices
        val count = sc.parallelize(1 to n, slices).map { i =>
            val x = random * 2 - 1
            val y = random * 2 - 1
            if (x * x + y * y < 1) 1 else 0 }.reduce(_+_) }
}
```

- 按回车键执行上述命令，输入命令查询结果：

SparkPi.main(null)

显示如下：

scala>

注：Spark Shell 中已经默认将 SparkContext 类初始化为对象 sc。代码中如果需要用到，则直接应用 sc 即可，否则自己再初始化，就会出现端口占用问题，相当于启动两个上下文。

（3）通过 Web UI 查看集群状态

浏览器输入 http：//masterIP：8080（masterIP 根据自己主机 ip 进行修改），也可以观察到集群的整个状态是否正常，如图 1-6 所示。集群会显示与图 1-6 类似的画面。masterIP 配置为用户的 Spark 集群的主节点 IP。

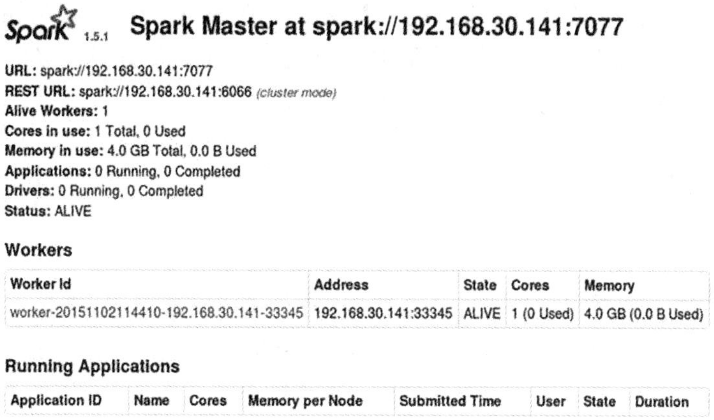

图 1-6　进入 8080 端口查看主节点 IP

3. 小结

本节主要介绍了如何在 Linux 环境下安装部署 Spark 集群。由于 Spark 主要使用 HDFS 充当持久化层，所以完整地使用 Spark 需要预先安装 Hadoop。通过本节介绍，学生就可以开启 Spark 的实战之旅了。

下一章将介绍 Spark 开发的计算模型，Spark 将分布式的内存数据抽象为弹性分布式数据集（RDD），并在其上实现了丰富的算子，从而对 RDD 进行计算，最后将算子序列转化为有向无环图进行执行和调度。

第 2 章　Spark RDD 算子

本章介绍 Spark 对数据的核心抽象——弹性分布式数据集 (Resilient Distributed Dataset，RDD)。RDD 其实就是分布式的元素集合。在 Spark 中，对数据的所有操作不外乎创建 RDD、转化已有 RDD 以及调用 RDD 操作进行求值。而在这一切背后，Spark 会自动将 RDD 中的数据分发到集群上，并将操作并行化执行。

2.1　知识要点

2.1.1　RDD 基础

Spark 中的 RDD 就是一个不可变的分布式对象集合。每个 RDD 都被分为多个分区，这些分区运行在集群中的不同节点上。RDD 可以包含 Python、Java、Scala 中任意类型的对象，甚至可以包含用户自定义的对象。

1. 创建 RDD

Spark 提供了两种创建 RDD 的方式：读取外部数据集，以及在驱动器程序中对一个集合进行并行化。

创建 RDD 最简单的方式就是把程序中一个已有的集合传给 SparkContext 的 parallelize( ) 方法，如例 2-1 所示。这种方式在学习 Spark 时非常有用，它让你可以在 shell 中快速创建出自己的 RDD，然后对这些 RDD 进行操作。不过，需要注意的是，除了开发原型和测试时，这种方式用得并不多，毕竟这种方式需要把你的整个数据集先放在一台机器的内存中。

- 例 2-1. Java 中的 parallelize( ) 方法

JavaRDD<String> lines = sc. parallelize(Arrays. asList("pandas"，"I like pandas")) ;

更常用的方式是从外部存储中读取数据来创建 RDD。我们可以用 SparkContext 的 textFile( )方法将文本文件读入为一个存储字符串的 RDD，用法如例 2-2 所示。

- 例 2-2. Java 中的 textFile( )方法

JavaRDD<String> lines = sc. textFile("/path/to/README. md") ;

2. RDD 操作

RDD 支持两种操作：转化操作和行动操作。RDD 的转化操作是返回一个新的 RDD 的操作，比如 map( ) 和 filter( )，而行动操作则是向驱动器程序返回结果或把结果写入外部系统的操作，会触发实际的计算，比如 count( ) 和 first( )。Spark 对待转化操作和行动操作的方式很不一样，因此理解你正在进行的操作的类型是很重要的。如果对于一个特定的函数是属于转化操作还是行动操作感到困惑，你可以看看它的返回值类型：转化操作返回的是 RDD，而行动操作返回的是其他的数据类型。

① 转化操作

RDD 的转化操作是返回新 RDD 的操作。我们会在下文中讲到，转化出来的 RDD 是惰性求值的，只有在行动操作中用到这些 RDD 时才会被计算。许多转化操作都是针对各个元素的，也就是说，这些转化操作每次只会操作 RDD 中的一个元素。不过并不是所有的转化操作都是这样的。

举个例子，假定我们有一个日志文件 log.txt，内含有若干消息，希望选出其中的错误消息。我们可以使用前面说过的转化操作 filter( )。

- 例 2-3. 实现 filter( ) 转化操作

```
JavaRDD<String> inputRDD = sc.textFile("log.txt");
JavaRDD<String> errorsRDD = inputRDD.filter(
    new Function<String, Boolean>() {
        public Boolean call(String x) { return x.contains("error"); }
    }
);
```

注意：filter( ) 操作不会改变已有的 inputRDD 中的数据。实际上，该操作会返回一个全新的 RDD。inputRDD 在后面的程序中还可以继续使用，比如我们还可以从中搜索别的单词。事实上，要再从 inputRDD 中找出所有包含单词 warning 的行。接下来，我们使用另一个转化操作 union( ) 来打印出包含 error 或 warning 的行数。

- 例 2-4. 进行 union( ) 转化操作

```
JavaRDD<String> errorsRDD = inputRDD.filter(
    new Function<String, Boolean>() {
        public Boolean call(String x) { return x.contains("error"); }
    }
);
JavaRDD<String> warningsRDD = inputRDD.filter(
    new Function<String, Boolean>() {
        public Boolean call(String x) { return x.contains("warning"); }
    }
);
```

union()与filter()的不同点在于它操作两个RDD而不是一个。转化操作可以操作任意数量的输入RDD。

注：要获得与例2-4中等价的结果，更好的方法是直接筛选出包含error或者包含warning的行，这样只对inputRDD进行一次筛选即可。

最后要说的是，通过转化操作，你从已有的RDD中派生出新的RDD，Spark会使用谱系图(lineage graph)来记录这些不同RDD之间的依赖关系。Spark需要用这些信息来按需计算每个RDD，也可以依靠谱系图在持久化的RDD丢失部分数据时恢复所丢失的数据。图2-1展示了例2-4中的谱系图。

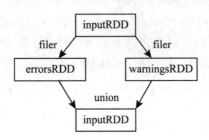

图 2-1　日志分析过程中创建出的RDD谱系图

② 行动操作

我们已经看到了如何通过转化操作从已有的RDD创建出新的RDD，不过有时，我们希望对数据集进行实际的计算。行动操作是第二种类型的RDD操作，它们会把最终求得的结果返回到驱动器程序，或者写入外部存储系统中。由于行动操作需要生成实际的输出，它们会强制执行那些求值必须用到的RDD的转化操作。

继续我们在前几章中用到的日志的例子，我们可能想输出关于badLinesRDD的一些信息。为此，需要使用两个行动操作来实现：用count()来返回计数结果，用take()来收集RDD中的一些元素，如例2-5所示。

- 例2-5. 使用行动操作对错误进行计数

System. out. println("Input had" + badLinesRDD. count() + "concerning lines")
System. out. println("Here are 10 examples:")
for (String line：badLinesRDD. take(10)){ System. out. println(line);

在这个例子中，我们在驱动器程序中使用take()获取了RDD中的少量元素。然后在本地遍历这些元素，并在驱动器端打印出来。RDD还有一个collect()函数，可以用来获取整个RDD中的数据。如果你的程序把RDD筛选到一个很小的规模，并且你想在本地处理这些数据时，就可以使用它。记住，只有当你的整个数据集能在单台机器的内存中放得下时，才能使用collect()，因此，collect()不能用在大规模数据集上。

在大多数情况下，RDD不能通过collect()收集到驱动器进程中，因为它们一般都很大。此时，我们通常要把数据写到诸如HDFS或Amazon S3这样的分布式的存储系统中。你可以使用 saveAsTextFile( )、saveAsSequenceFile( )，或者任意的其他行动操作来把 RDD 的数据内容以各种自带的格式保存起来。我们会在后续章节中讲解导出数据的各种选项。

需要注意的是，每当我们调用一个新的行动操作时，整个 RDD 都会从头开始计算。要避免这种低效的行为，用户可以将中间结果持久化。

③ 惰性求值

前面提过，RDD 的转化操作都是惰性求值的。这意味着在被调用行动操作之前 Spark 不会开始计算。这对新用户来说可能与直觉有些相违背之处，但是对于那些使用过诸如 Haskell 等函数式语言或者类似 LINQ 这样的数据处理框架的人来说，会有些似曾相识。

惰性求值意味着当我们对 RDD 调用转化操作(例如调用 map( ))时，操作不会立即执行。相反，Spark 会在内部记录下所要求执行的操作的相关信息。我们不应该把 RDD 看做存放着特定数据的数据集，而最好把每个 RDD 当做我们通过转化操作构建出来的、记录如何计算数据的指令列表。把数据读取到 RDD 的操作也同样是惰性的。因此，当我们调用 sc.textFile( )时，数据并没有读取进来，而是在必要时才会读取。和转化操作一样的是，读取数据的操作也有可能会多次执行。

虽然转化操作是惰性求值的，但还是可以随时通过运行一个行动操作来强制 Spark 执行 RDD 的转化操作，比如使用 count( )。这是一种对你所写的程序进行部分测试的简单方法。

Spark 使用惰性求值，这样就可以把一些操作合并到一起来减少计算数据的步骤。在类似 Hadoop MapReduce 的系统中，开发者常常花费大量时间考虑如何把操作组合到一起，以减少 MapReduce 的周期数。而在 Spark 中，写出一个非常复杂的映射并不见得能比使用很多简单的连续操作获得好很多的性能。因此，用户可以用更小的操作来组织他们的程序，这样也使这些操作更容易管理。

3. 常见的转化操作和行动操作

本节我们会接触 Spark 中大部分常见的转化操作和行动操作。包含特定数据类型的 RDD 还支持一些附加操作，例如，数字类型的 RDD 支持统计型函数操作，而键值对形式的 RDD 则支持诸如根据键聚合数据的键值对操作。我们也会在后面几节中讲到如何转换 RDD 类型，以及各类型对应的特殊操作。

我们首先来介绍哪些转化操作和行动操作受任意数据类型的 RDD 支持。

a) 针对各个元素的转化操作

你很可能会用到的两个最常用的转化操作是 map( ) 和 filter( ) (见图 2-2)。转化操作 map( ) 接收一个函数，把这个函数用于 RDD 中的每个元素，将函数的返回结果作为结果 RDD 中对应元素的值。而转化操作 filter( ) 则接收一个函数，并将 RDD 中满足该函数的元素放入新的 RDD 中返回。

我们可以使用 map( )来做各种各样的事情：可以把我们的 URL 集合中的每个 URL 对应的主机名提取出来，也可以简单到只对各个数字求平方值。map( )的返回值类型不需要和输入类型一样。这样如果有一个字符串 RDD，并且我们的 map( ) 函数是用来把字符串

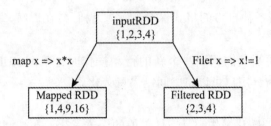

图 2-2　输入 RDD 经映射和筛选得到新的 RDD

解析并返回一个 Double 值的，那么此时我们的输入 RDD 类型就是 RDD[String]，而输出类型是 RDD[Double]。
- 例 2-6. 计算 RDD 中各值的平方

```
JavaRDD<Integer> rdd = sc.parallelize(Arrays.asList(1, 2, 3, 4));
JavaRDD<Integer> result = rdd.map(new Function<Integer, Integer>() {
    public Integer call(Integer x) { return x * x; }
});
System.out.println(StringUtils.join(result.collect(), ","));
```

有时候，我们希望对每个输入元素生成多个输出元素。实现该功能的操作叫作 flatMap()。和 map() 类似，我们提供给 flatMap() 的函数被分别应用到了输入 RDD 的每个元素上。不过返回的不是一个元素，而是一个返回值序列的迭代器。输出的 RDD 倒不是由迭代器组成的。我们得到的是一个包含各个迭代器可访问的所有元素的 RDD。flatMap() 的一个简单用途是把输入的字符串切分为单词。
- 例 2-7. flatMap() 将行数据切分为单词

```
JavaRDD<String> lines = sc.parallelize(Arrays.asList("hello world", "hi"));
JavaRDD<String> words = lines.flatMap(new FlatMapFunction<String, String>() {
    public Iterable<String> call(String line) { return Arrays.asList(line.split(" ")); }
});
```

我们在图 2-3 中阐释了 flatMap() 和 map() 的区别。你可以把 flatMap() 看做将返回的迭代器"拍扁"，这样就得到了一个由各列表中的元素组成的 RDD，而不是一个由列表组成的 RDD。

b) 伪集合操作

尽管 RDD 本身不是严格意义上的集合，但它也支持许多数学上的集合操作，比如合并和相交操作。图 2-4 展示了四种操作。注意，这些操作都要求操作的 RDD 是相同数据类型的。

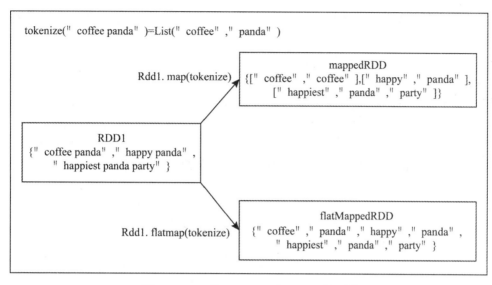

图 2-3 RDD 的 flatMap( )和 map( )的区别

我们的 RDD 中最常缺失的集合属性是元素的唯一性,因为常常有重复的元素。如果只要唯一的元素,我们可以使用 RDD.distinct( )转化操作来生成一个只包含不同元素的新 RDD。不过需要注意,distinct( )操作的开销很大,因为它需要将所有数据通过网络进行混洗(shuffle),以确保每个元素都只有一份。后续章节会详细介绍数据混洗,以及如何避免数据混洗。

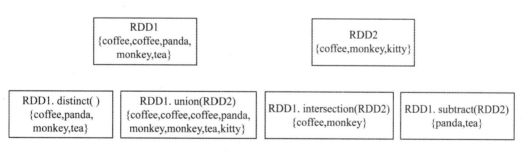

图 2-4 一些简单的集合操作

最简单的集合操作是 union(other),它会返回一个包含两个 RDD 中所有元素的 RDD。这在很多用例下都很有用,比如处理来自多个数据源的日志文件。与数学中的 union( )操作不同的是,如果输入的 RDD 中有重复数据,Spark 的 union( )操作也会包含这些重复数据(如有必要,我们可以通过 distinct( )实现相同的效果)。

Spark 还提供了 intersection(other)方法,只返回两个 RDD 中都有的元素。intersection( )在运行时也会去掉所有重复的元素(单个 RDD 内的重复元素也会一起移除)。尽管 intersection( )与 union( )的概念相似,intersection( )的性能却要差很多,因为它需要通过网络混洗数据来发现共有的元素。

有时我们需要移除一些数据。subtract(other)函数接收另一个 RDD 作为参数，返回一个由只存在于第一个 RDD 中而不存在于第二个 RDD 中的所有元素组成的 RDD。和 intersection()一样，它也需要数据混洗。

我们也可以计算两个 RDD 的笛卡儿积，如图 2-5 所示。cartesian(other)转化操作会返回所有可能的(a，b)对，其中 a 是源 RDD 中的元素，而 b 则来自另一个 RDD。笛卡儿积在我们希望考虑所有可能的组合的相似度时比较有用，比如计算各用户对各种产品的预期兴趣程度。我们也可以求一个 RDD 与其自身的笛卡儿积，这可以用于求用户相似度的应用中。不过要特别注意的是，求大规模 RDD 的笛卡儿积开销巨大。

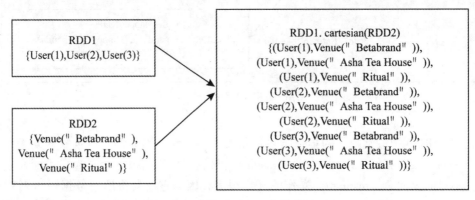

图 2-5　两个 RDD 的笛卡尔积

c)行动操作

用户很有可能会用到基本 RDD 上最常见的行动操作 reduce()。它接收一个函数作为参数，这个函数要操作两个 RDD 的元素类型的数据并返回一个同样类型的新元素。一个简单的例子就是函数+，可以用它来对我们的 RDD 进行累加。使用 reduce()，可以很方便地计算出 RDD 中所有元素的总和、元素的个数，以及其他类型的聚合操作(如例 2-8 所示)。

- 例 2-8. reduce()操作

```
Integer sum = rdd.reduce(new Function2<Integer, Integer, Integer>(){
    public Integer call(Integer x, Integer y){ return x + y;}
});
```

fold()和 reduce()类似，接收一个与 reduce()接收的函数签名相同的函数，再加上一个"初始值"来作为每个分区第一次调用时的结果。你所提供的初始值应当是你提供的操作的单位元素；也就是说，使用你的函数对这个初始值进行多次计算不会改变结果(例如+对应的 0，*对应的 1，或拼接操作对应的空列表)。

注：我们可以通过原地修改并返回两个参数中的前一个的值来节约在 fold()中创建对

象的开销，但我们没有办法修改第二个参数。

fold()和reduce()都要求函数的返回值类型需要和我们所操作的RDD中的元素类型相同。这很符合像sum这种操作的情况。但有时我们确实需要返回一个不同类型的值。例如，在计算平均值时，需要记录遍历过程中的计数以及元素的数量，这就需要我们返回一个二元组。可以先对数据使用map()操作，来把元素转为该元素和1的二元组，也就是我们所希望的返回类型。这样reduce()就可以以二元组的形式进行归约了。

aggregate()函数则把我们从返回值类型必须与所操作的RDD类型相同的限制中解放出来。与fold()类似，使用aggregate()时，需要提供我们期待返回的类型的初始值。然后通过一个函数把RDD中的元素合并起来放入累加器。考虑到每个节点是在本地进行累加的，最终，还需要提供第二个函数来将累加器两两合并。

我们可以用aggregate()来计算RDD的平均值，来代替map()后面接fold()的方式，如例2-9所示。

- 例2-9. aggregate()操作

```java
class AvgCount implements Serializable {
    public AvgCount(int total, int num) {
        this.total = total;
        this.num = num;
    }
    public int total;
    public int num;
    public double avg() {
        return total / (double) num;
    }
}
Function2<AvgCount, Integer, AvgCount> addAndCount =
    new Function2<AvgCount, Integer, AvgCount>() {
        public AvgCount call(AvgCount a, Integer x) { a.total += x;
            a.num += 1; return a;
        }
    };
Function2<AvgCount, AvgCount, AvgCount> combine =
    new Function2<AvgCount, AvgCount, AvgCount>() {
        public AvgCount call(AvgCount a, AvgCount b) { a.total += b.total;
            a.num += b.num; return a;
        }
    };
AvgCount initial = new AvgCount(0, 0);
```

AvgCount result = rdd.aggregate(initial, addAndCount, combine);
System.out.println(result.avg());

RDD 的一些行动操作会以普通集合或者值的形式将 RDD 的部分或全部数据返回驱动器程序中。

把数据返回驱动器程序中最简单、最常见的操作是 collect(),它会将整个 RDD 的内容返回。collect() 通常在单元测试中使用,因为此时 RDD 的整个内容不会很大,可以放在内存中。使用 collect() 使得 RDD 的值与预期结果之间的对比变得很容易。由于需要将数据复制到驱动器进程中,collect() 要求所有数据都必须能一同放入单台机器的内存中。

take(n) 返回 RDD 中的 n 个元素,并且尝试只访问尽量少的分区,因此该操作会得到一个不均衡的集合。需要注意的是,这些操作返回元素的顺序与你预期的可能不一样。这些操作对于单元测试和快速调试都很有用,但是在处理大规模数据时会遇到瓶颈。

如果为数据定义了顺序,就可以使用 top() 从 RDD 中获取前几个元素。top() 会使用数据的默认顺序,但我们也可以提供自己的比较函数,来提取前几个元素。

当需要对数据进行采样时,takeSample(withReplacement,num,seed) 函数可以让我们从数据中获取一个采样,并指定是否替换。

有时我们会对 RDD 中的所有元素应用一个行动操作,但是不把任何结果返回到驱动器程序中,这也是有用的。比如可以用 JSON 格式把数据发送到一个网络服务器上,或者把数据存到数据库中。不论哪种情况,都可以使用 foreach() 行动操作来对 RDD 中的每个元素进行操作,而不需要把 RDD 发回本地。

4. 持久化(缓存)

如前所述,Spark RDD 是惰性求值的,而有时我们希望能多次使用同一个 RDD。如果简单地对 RDD 调用行动操作,Spark 每次都会重算 RDD 以及它的所有依赖。这在迭代算法中消耗格外大,因为迭代算法常常会多次使用同一组数据。例 2-10 就是先对 RDD 作一次计数、再把该 RDD 输出的一个小例子。

- 例 2-10. 两次执行

JavaRDD<Integer> result = rdd.map(new Function<Integer, Integer>() {
    public Integer call(Integer x) { return x * x; }
});
System.out.println(result.count());
System.out.println(StringUtils.join(result.collect(), ","));

为了避免多次计算同一个 RDD,可以让 Spark 对数据进行持久化。当我们让 Spark 持久化存储一个 RDD 时,计算出 RDD 的节点会分别保存它们所求出的分区数据。如果一个有持久化数据的节点发生故障,Spark 会在需要用到缓存的数据时重算丢失的数据分区。如果希望节点故障的情况不会拖累我们的执行速度,也可以把数据备份到多个节点上。

出于不同的目的,我们可以为 RDD 选择不同的持久化级别。在 Java 中,默认情况下

persist( )会把数据以序列化的形式缓存在 JVM 的堆空间中。当我们把数据写到磁盘或者堆外存储上时,也总是使用序列化后的数据。

- 例 2-11. 使用 persist( )

```
JavaRDD<Integer> result = rdd.map( new Function<Integer, Integer>( ) {
    public Integer call( Integer x ) { return x * x;}
} );
result.persist( StorageLevel.DISK_ONLY );
System.out.println( result.count( ) );
System.out.println( StringUtils.join( result.collect( ), "," ) );
```

注意,我们在第一次对这个 RDD 调用行动操作前就调用了 persist( )方法。persist( )调用本身不会触发强制求值。

如果要缓存的数据太多,内存中放不下,Spark 会自动利用最近最少使用(LRU)的缓存策略把最老的分区从内存中移除。对于仅把数据存放在内存中的缓存级别,下一次要用到已经被移除的分区时,这些分区就需要重新计算。但是对于使用内存与磁盘的缓存级别的分区来说,被移除的分区都会写入磁盘。不论哪一种情况,都不必担心你的作业因为缓存了太多数据而被打断。不过,缓存不必要的数据会导致有用的数据被移出内存,带来更多重算的时间开销。

最后,RDD 还有一个方法叫作 unpersist( ),调用该方法可以手动把持久化的 RDD 从缓存中移除。

2.1.2 键值对操作

键值对 RDD 是 Spark 中许多操作所需要的常见数据类型。本节就来介绍如何操作键值对 RDD。键值对 RDD 通常用来进行聚合计算。我们一般要先通过一些初始 ETL(抽取、转化、装载)操作来将数据转化为键值对形式。键值对 RDD 提供了一些新的操作接口(比如统计每个产品的评论,将数据中键相同的分为一组,将两个不同的 RDD 进行分组合并等)。

本节也会讨论用来让用户控制键值对 RDD 在各节点上分布情况的高级特性:分区。有时,使用可控的分区方式把常被一起访问的数据放到同一个节点上,可以大大减少应用的通信开销。这会带来明显的性能提升。我们会使用 PageRank 算法来演示分区的作用。为分布式数据集选择正确的分区方式和为本地数据集选择合适的数据结构很相似——在这两种情况下,数据的分布都会极其明显地影响程序的性能表现。

1. 动机

Spark 为包含键值对类型的 RDD 提供了一些专有的操作。这些 RDD 被称为 pair RDD。Pair RDD 是很多程序的构成要素,因为它们提供了并行操作各个键或跨节点重新进行数据分组的操作接口。例如,pair RDD 提供 reduceByKey( )方法,可以分别归约每个键对应的数据,还有 join( )方法,可以把两个 RDD 中键相同的元素组合到一起,合并为一个

RDD。我们通常从一个 RDD 中提取某些字段(例如代表事件时间、用户 ID 或者其他标识符的字段),并使用这些字段作为 pair RDD 操作中的键。

2. 创建 Pair RDD

在 Spark 中有很多种创建 pair RDD 的方式,很多存储键值对的数据格式会在读取时直接返回由其键值对数据组成的 pair RDD。此外,当需要把一个普通的 RDD 转为 pair RDD 时,可以调用 map() 函数来实现,传递的函数需要返回键值对。后面会展示如何将由文本行组成的 RDD 转换为以每行的第一个单词为键的 pair RDD。Java 没有自带的二元组类型,因此 Spark 的 Java API 让用户使用 scala.Tuple2 类来创建二元组。这个类很简单:Java 用户可以通过 new Tuple2(elem1, elem2) 来创建一个新的二元组,并且可以通过 ._1() 和 ._2() 方法访问其中的元素。

学生还需要调用专门的 Spark 函数来创建 pair RDD。例如,要使用 mapToPair() 函数来代替基础版的 map() 函数。下面通过例 2-12 展示一个简单的例子。

- 例 2-12. 在 Java 中使用第一个单词作为键创建出一个 pair RDD

```
PairFunction<String, String, String> keyData =
    new PairFunction<String, String, String>(){
        public Tuple2<String, String> call(String x){
            return new Tuple2(x.split(" ")[0], x);
        }
};
JavaPairRDD<String, String> pairs = lines.mapToPair(keyData);
```

若是从内存数据集创建 pair RDD,则需要使用 SparkContext.parallelizePairs()。

3. Pair RDD 的转换操作

Pair RDD 可以使用所有标准 RDD 上的可用的转化操作。函数的规则也都同样适用于 pair RDD。由于 pair RDD 中包含二元组,所以需要传递的函数应当操作二元组而不是独立的元素。

- 例 2-13. 对第二个元素进行筛选

```
Function<Tuple2<String, String>, Boolean> longWordFilter =
    new Function<Tuple2<String, String>, Boolean>(){
        public Boolean call(Tuple2<String, String> keyValue){
            return (keyValue._2().length()<20);}
};
JavaPairRDD<String, String> result = pairs.filter(longWordFilter);
```

有时,我们只想访问 pair RDD 的值部分,这时操作二元组很麻烦。由于这是一种常见的使用模式,因此 Spark 提供了 mapValues(func) 函数,功能类似于 map{case (x, y):

(x, func(y))}。可以在很多例子中使用这个函数。

接下来就依次讨论 pair RDD 的各种操作，先从聚合操作开始。

① 聚合操作

当数据集以键值对形式组织的时候，聚合具有相同键的元素进行一些统计是很常见的操作。之前讲解过基础 RDD 上的 fold( )、combine( )、reduce( ) 等行动操作，pair RDD 上则有相应的针对键的转化操作。Spark 有一组类似的操作，可以组合具有相同键的值。这些操作返回 RDD，因此它们是转化操作而不是行动操作。

reduceByKey( ) 与 reduce( ) 相当类似：它们都接收一个函数，并使用该函数对值进行合并。

reduceByKey( ) 会为数据集中的每个键进行并行的归约操作，每个归约操作会将键相同的值合并起来。因为数据集中可能有大量的键，所以 reduceByKey( ) 没有被实现为向用户程序返回一个值的行动操作。实际上，它会返回一个由各键和对应键归约出来的结果值组成的新的 RDD。

foldByKey( ) 则与 fold( ) 相当类似：它们都使用一个与 RDD 和合并函数中的数据类型相同的零值作为初始值。与 fold( ) 一样，foldByKey( ) 操作所使用的合并函数对零值与另一个元素进行合并，结果仍为该元素。

如例 2-14 所示，可以使用 reduceByKey( ) 和 mapValues( ) 来计算每个键的对应值的均值（见图 2-7）。这和使用 fold( ) 和 map( ) 计算整个 RDD 平均值的过程很相似。对于求平均，可以使用更加专用的函数来获取同样的结果，后面就会讲到。

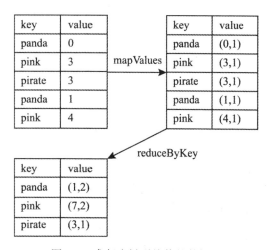

图 2-7 求每个键平均值的数据流

- 例 2-14. 使用 reduceByKey( ) 和 mapValues( ) 计算每个键对应的平均值

```
JavaPairRDD<String, String> mapRDD = pairRDD.mapValues(
    new Function<Tuple2<Integer, Integr>, Integer>(){
        public Tuple2<Integer, Integr> call(Integer s){
```

```
            return new Tuple2<Integr, Integr>(s, 1);}
});
JavaPairRDD<String, Tuple2<Integer, Integer>>
reduceRDD = mapRDD. reduceByKey( newFunction2<Tuple2<Integer, Integer>,
    Tuple2<Integer, Integer>, Tuple2<Integer, Integer>>(){
        public Tuple2<Integer, Integer> call(Tuple2<Integer, Integer>
        arg0, Tuple2<Integer, Integer> arg1) throws Exception{
            return new Tuple2<Integer, Integer>(
                arg0._1()+ ar10._1(), arg0._2()+ arg1._2());}
});
```

注：熟悉 MapReduce 中的合并器（combiner）概念的读者可能已经注意到，调用 reduceByKey() 和 foldByKey() 会在为每个键计算全局的总结果之前先自动在每台机器上进行本地合并。用户不需要指定合并器。更泛化的 combineByKey() 接口可以让你自定义合并的行为。

我们也可以使用例 2-15 中展示的方法来解决经典的分布式单词计数问题。可以使用前一节中讲过的 flatMap() 来生成以单词为键、以数字 1 为值的 pair RDD，然后像例 2-14 中那样，使用 reduceByKey() 对所有的单词进行计数。

- 例 2-15. 实现单词计数

```
JavaRDD<String> input = sc. textFile("s3：//...")
JavaRDD<String> words = rdd. flatMap( new FlatMapFunction<String, String>(){
    public Iterable<String> call( String x){ return Arrays. asList( x. split(" "));}
});
JavaPairRDD<String, Integer> result = words. mapToPair(
    new PairFunction<String, String, Integer>(){
        public Tuple2<String, Integer> call( String x){
            return new Tuple2(x, 1);}}). reduceByKey(
            new Function2<Integer, Integer, Integer>(){
                public Integer call( Integer a, Integer b){ return a + b;}
```

注：事实上，我们可以对第一个 RDD 使用 countByValue() 函数，以更快地实现单词计数：input. flatMap(x => x. split(" ")). countByValue()。

combineByKey() 是最为常用的基于键进行聚合的函数。大多数基于键聚合的函数都是用它实现的。和 aggregate() 一样，combineByKey() 可以让用户返回与输入数据的类型不同的返回值。

要理解 combineByKey()，要先理解它在处理数据时是如何处理每个元素的。由于 combineByKey() 会遍历分区中的所有元素，因此每个元素的键要么还没有遇到过，要么就和之前的某个元素的键相同。

如果这是一个新的元素，combineByKey()会使用一个叫作createCombiner()的函数来创建那个键对应的累加器的初始值。需要注意的是，这一过程会在每个分区中第一次出现各个键时发生，而不是在整个RDD中第一次出现一个键时发生。

如果这是一个在处理当前分区之前已经遇到的键，它会使用mergeValue()方法将该键的累加器对应的当前值与这个新的值进行合并。

由于每个分区都是独立处理的，因此对于同一个键可以有多个累加器。如果有两个或者更多的分区都有对应同一个键的累加器，就需要使用用户提供的mergeCombiners()方法将各个分区的结果进行合并。

combineByKey()有多个参数分别对应聚合操作的各个阶段，因而非常适合用来解释聚合操作各个阶段的功能划分。为了更好地演示combineByKey()是如何工作的，下面来看看如何计算各键对应的平均值，如例2-16所示。

- 例2-16. 使用combineByKey()求每个键对应的平均值

```java
public static class AvgCount implements Serializable{
    public AvgCount(int total, int num){ total_= total; num_= num;}
    public int total_;
    public int num_;
    public float avg(){ returntotal_/(float)num_;}
}
Function<Integer, AvgCount> createAcc = new Function<Integer, AvgCount>(){
    public AvgCount call(Integer x){return new AvgCount(x, 1);}
};
Function2<AvgCount, Integer, AvgCount> addAndCount =
    new Function2<AvgCount, Integer, AvgCount>(){
        public AvgCount call(AvgCount a, Integer x){
            a.total_+= x; a.num_+=1; return a;}
};
Function2<AvgCount, AvgCount, AvgCount> combine =
    new Function2<AvgCount, AvgCount, AvgCount>(){
        public AvgCount call(AvgCount a, AvgCount b){
            a.total_+= b.total_; a.num_+= b.num_; return a;}
};
AvgCount initial = new AvgCount(0, 0);
JavaPairRDD<String, AvgCount> avgCounts =nums.combineByKey(
    createAcc, addAndCount, combine);
Map<String, AvgCount> countMap = avgCounts.collectAsMap();
for (Entry<String, AvgCount> entry : countMap.entrySet()){
```

```
System. out. println( entry. getKey( )+" :" + entry. getValue( ). avg( ) ) ;
}
```

每个 RDD 都有固定数目的分区，分区数决定了在 RDD 上执行操作时的并行度。在执行聚合或分组操作时，可以要求 Spark 使用给定的分区数。Spark 始终尝试根据集群的大小推断出一个有意义的默认值，但是有时候你可能要对并行度进行调优来获取更好的性能表现。

本节讨论的大多数操作符都能接收第二个参数，这个参数用来指定分组结果或聚合结果的 RDD 的分区数，如例 2-17 所示。

- 例 2-17. 自定义 reduceByKey( ) 的并行度

```
ArrayList data = Arrays. asList ( new string[ ]{"a", 3}, {"b", 4}, {"a", 1});
JavaRDD<Integer> RDD = sc. parallelize(data);  //默认并行度
JavaPairRDD<String, Integer> keyRDD = rdd. reduceByKey( new Function2<Integer,
    Integer, Integer>( ){public Integer call( Integer i1, Integer i2){ return i1+ i2;}});
//自定义并行度
JavaRDD<Integer> RDD = sc. parallelize(data);
JavaPairRDD<String, Integer> keyRDD = rdd. reduceByKey( new Function2<Integer,
    Integer, Integer>( ){public Integer call( Integer i1, Integer i2){return i1+ i2;}}, 10);
```

有时，我们希望在除分组操作和聚合操作之外的操作中也能改变 RDD 的分区。对于这样的情况，Spark 提供了 repartition( ) 函数。它会把数据通过网络进行混洗，并创建出新的分区集合。切记，对数据进行重新分区是代价相对比较大的操作。Spark 中也有一个优化版的 repartition( )，叫作 coalesce( )。你可以使用 rdd. partitions. size( ) 查看 RDD 的分区数，并确保调用 coalesce( ) 时将 RDD 合并到比现在的分区数更少的分区中。

② 数据分组

对于有键的数据，一个常见的用例是将数据根据键进行分组——比如查看一个顾客的所有订单。

如果数据已经以预期的方式提取了键，groupByKey( ) 就会使用 RDD 中的键来对数据进行分组。对于一个由类型 K 的键和类型 V 的值组成的 RDD，所得到的结果 RDD 类型会是[K, Iterable[V]]。

groupBy( ) 可以用于未成对的数据上，也可以根据除键相同以外的条件进行分组。它可以接收一个函数，对源 RDD 中的每个元素使用该函数，将返回结果作为键再进行分组。

除了对单个 RDD 的数据进行分组，还可以使用一个叫做 cogroup( ) 的函数对多个共享同一个键的 RDD 进行分组。对两个键的类型均为 K 而值的类型分别为 V 和 W 的 RDD 进行 cogroup( ) 时，得到的结果 RDD 类型为[(K, (Iterable[V], Iterable[W]))]。如果其中的一个 RDD 对于另一个 RDD 中存在的某个键没有对应的记录，那么对应的迭代器则为空。

cogroup()提供了为多个 RDD 进行数据分组的方法。cogroup()是下一节中要讲的连接操作的构成要素。

③ 连接

将有键的数据与另一组有键的数据一起使用是对键值对数据执行的最有用的操作之一。连接数据可能是 pair RDD 最常用的操作之一。连接方式多种多样：右外连接、左外连接、交叉连接以及内连接。

普通的 join 操作符表示内连接。只有在两个 pair RDD 中都存在的键才叫输出。当一个输入对应的某个键有多个值时，生成的 pair RDD 会包括来自两个输入 RDD 的每一组相对应的记录。例 2-18 可以帮你理解这个定义。

- 例 2-18. 进行内连接

storeAddress = {
　　(Store("Ritual"), "1026 Valencia St"), (Store("Philz"), "748 Van Ness Ave"),
　　(Store("Philz"), "310 124th St"), (Store("Starbucks"), "Seattle")}
storeRating = {
　　(Store("Ritual"), 4.9), (Store("Philz"), 4.8)}
storeAddress.join(storeRating) == {
　　(Store("Ritual"), ("1026 Valencia St", 4.9)),
　　(Store("Philz"), ("748 Van Ness Ave", 4.8)),
　　(Store("Philz"), ("310 124th St", 4.8))}

有时，我们不希望结果中的键必须在两个 RDD 中都存在。例如，在连接客户信息与推荐时，如果一些客户还没有收到推荐，我们仍然不希望丢掉这些顾客。leftOuterJoin(other) 和 rightOuterJoin(other) 都会根据键连接两个 RDD，但是允许结果中存在其中的一个 pair RDD 所缺失的键。

在使用 leftOuterJoin() 产生的 pair RDD 中，源 RDD 的每一个键都有对应的记录。每个键相应的值是由一个源 RDD 中的值与一个包含第二个 RDD 的值的 Option（在 Java 中为 Optional）对象组成的二元组。和 join() 一样，每个键可以得到多条记录；当这种情况发生时，我们会得到两个 RDD 中对应同一个键的两组值的笛卡尔积。

rightOuterJoin() 几乎与 leftOuterJoin() 完全一样，只不过预期结果中的键必须出现在第二个 RDD 中，而二元组中的可缺失的部分则来自于源 RDD 而非第二个 RDD。

回顾一下例 2-18，并在例 2-19 中对这两个之前用来演示 join() 的 pair RDD 进行 leftOuterJoin() 和 rightOuterJoin()。

- 例 2-19. leftOuterJoin() 与 rightOuterJoin()

storeAddress.leftOuterJoin(storeRating) == {
　　(Store("Ritual"), ("1026 Valencia St", Some(4.9))),
　　(Store("Starbucks"), ("Seattle", None)),

(Store("Philz"),("748 Van Ness Ave",Some(4.8))),
(Store("Philz"),("310124th St",Some(4.8)))}
storeAddress.rightOuterJoin(storeRating) == {
(Store("Ritual"),(Some("1026 Valencia St"),4.9)),
(Store("Philz"),(Some("748 Van Ness Ave"),4.8)),
(Store("Philz"),(Some("310124th St"),4.8))}

④ 数据排序

很多时候，让数据排好序是很有用的，尤其是在生成下游输出时。如果键有已定义的顺序，就可以对这种键值对 RDD 进行排序。当把数据排好序后，后续对数据进行 collect()或 save()等操作都会得到有序的数据。

我们经常要将 RDD 倒序排列，因此 sortByKey()函数接收一个叫做 ascending 的参数，表示我们是否想要让结果按升序排序（默认值为 true）。有时我们也可能想按完全不同的排序依据进行排序。要支持这种情况，我们可以提供自定义的比较函数。例 2-20 会将整数转为字符串，然后使用字符串比较函数来对 RDD 进行排序。

- 例 2-20. 以字符串顺序对整数进行自定义排序

```
class IntegerComparator implements Comparator<Integer>{
    public int compare(Integer a,Integer b){
        return String.valueOf(a).compareTo(String.valueOf(b))}
}
```

4. Pair RDD 的行动操作

和转化操作一样，所有基础 RDD 支持的传统行动操作也都在 pair RDD 上可用。Pair RDD 提供了一些额外的行动操作，可以让我们充分利用数据的键值对特性。这些操作列在了表 2-1 中。

表 2-1　Pair RDD 的行动操作（以键值对集合{(1, 2),(3, 4),(3, 6)}为例）

函数	描述	示例	结果
countByKey()	对每个键对应的元素分别计数	rdd.c2ountByKey()	{(1, 1),(3, 2)}
collectAsMap()	将结果以映射表的形式返回，以便查询	rdd.collectAsMap()	Map{(1, 2),(3, 4),(3, 6)}
lookup(key)	返回给定键对应的所有值	rdd.lookup(3)	[4, 6]

2.1.3 数据读取与保存

我们已经学了很多在 Spark 中对已分发的数据执行的操作。到目前为止，所展示的示例都是从本地集合或者普通文件中进行数据读取和保存的。但有时候，数据量可能大到无法放在一台机器中，这时就需要探索别的数据读取和保存的方法了。Spark 支持很多种输入输出源。一部分原因是 Spark 本身是基于 Hadoop 生态圈而构建，特别是 Spark 可以通过 Hadoop MapReduce 所使用的 InputFormat 和 OutputFormat 接口访问数据，而大部分常见的文件格式与存储系统（例如 S3、HDFS、Cassandra、HBase 等）都支持这种接口。不过，基于这些原始接口构建出的高层 API 会更常用。幸运的是，Spark 及其生态系统提供了很多可选方案。

本节会介绍以下三类常见的数据源：
- 文件格式与文件系统

  对于存储在本地文件系统或分布式文件系统（比如 NFS、HDFS、Amazon S3 等）中的数据，Spark 可以访问很多种不同的文件格式，包括文本文件、JSON、SequenceFile，以及 protocol buffer，我们会展示几种常见格式的用法。
- Spark SQL 中结构化数据源

  它针对包括 JSON 和 Apache Hive 在内的结构化数据源，为我们提供了一套更加简洁高效的 API。此处会粗略地介绍一下如何使用 SparkSQL。
- 数据库与键值存储

  本节还会概述 Spark 自带的库和一些第三方库，它们可以用来连接 Cassandra、HBase、Elasticsearch 以及 JDBC 源。

1. 文件格式

Spark 对很多种文件格式的读取和保存方式都很简单。从诸如文本文件的非结构化的文件，到诸如 JSON 格式的半结构化的文件，再到诸如 SequenceFile 这样的结构化的文件，Spark 都可以支持（见表 2-2）。Spark 会根据文件扩展名选择对应的处理方式。这一过程是封装好的，对用户透明。

表 2-2　　　　　　　　　　　　Spark 支持的一些常见格式

格式名称	结构化	备注
文本文件	否	普通的文本文件，每行一条记录
JSON	半结构化	常见的基于文本的格式，半结构化；大多数库都要求每行一条记录
CSV	是	非常常见的基于文本的格式，通常在电子表格应用中使用
SequenceFiles	是	一种用于键值对数据的常见 Hadoop 文件格式
Protocol Buffers	是	一种快速、节约空间的跨语言格式

续表

格式名称	结构化	备注
对象文件	是	用来将 Spark 作业中的数据存储下来以让共享的代码读取。改变类的时候它会失效,因为它依赖于 Java 序列化

① 文本文件

在 Spark 中读写文本文件很容易。当我们将一个文本文件读取为 RDD 时,输入的每一行都会成为 RDD 的一个元素。也可以将多个完整的文本文件一次性读取为一个 pair RDD,其中键是文件名,值是文件内容。

a) 读取文本文件

只需要使用文件路径作为参数调用 SparkContext 中的 textFile() 函数,就可以读取一个文本文件,如例 2-21 所示。如果要控制分区数的话,可以指定 minPartitions。

- 例 2-21. 读取一个文本文件

```
JavaRDD<String> input = sc.textFile("file:///home/holden/repos/spark/README.md")
```

如果多个输入文件以一个包含数据所有部分的目录的形式出现,可以用两种方式来处理。可以仍使用 textFile 函数,传递目录作为参数,这样它会把各部分都读取到 RDD 中。有时候有必要知道数据的各部分分别来自哪个文件(比如将键放在文件名中的时间数据),有时候则希望同时处理整个文件。如果文件足够小,那么可以使用 SparkContext.wholeTextFiles() 方法,该方法会返回一个 pair RDD,其中键是输入文件的文件名。

wholeTextFiles() 在每个文件表示一个特定时间段内的数据时非常有用。如果有表示不同阶段销售数据的文件,则可以很容易地求出每个阶段的平均值,如例 2-22 所示。

- 例 2-22. 求每个文件的平均值

```
SparkConf sparkConf = new SparkConf().setAppName("JavaPageRank");
JavaSparkContext sc = new JavaSparkContext(sparkConf);
JavaPairRDD<String> input = sc.wholeTextFiles("inputFile");
JavaPairRDD<String, Double>result = input.mapValues(new Function<String, Double>(){
    ArraysList<Double> list = new ArrayList<Double>();
    Public Double call(String s){
        String[] nums = s.split(" ");
        int sums = nums.length;
        for(int i=0; i<sums; i++){
            list.add(Double.parseDouble(nums[i]));}
```

```
            double sum = list. size( ) ;
            double last = sums/sum;
            return last;
        }
});
```

注：Spark 支持读取给定目录中的所有文件，以及在输入路径中使用通配字符(如 part-*.txt)。大规模数据集通常存放在多个文件中，因此这一特性很有用，尤其是在同一目录中存在一些别的文件(比如成功标记文件)的时候。

b) 保存文本文件

输出文本文件也相当简单。例 2-23 中演示的 saveAsTextFile( ) 方法接收一个路径，并将 RDD 中的内容都输入到路径对应的文件中。Spark 将传入的路径作为目录对待，会在那个目录下输出多个文件。这样，Spark 就可以从多个节点上并行输出了。在这个方法中，我们不能控制数据的哪一部分输出到哪个文件中，不过有些输出格式支持控制。

- 例 2-23. 将数据保存为文本文件

```
result. savaAsTextFile( "outputFile" ) ;
```

②JSON

JSON 是一种使用较广的半结构化数据格式。读取 JSON 数据的最简单的方式是将数据作为文本文件读取，然后使用 JSON 解析器来对 RDD 中的值进行映射操作。类似地，也可以使用我们喜欢的 JSON 序列化库来将数据转为字符串，然后将其写出去。也可以使用一个自定义 Hadoop 格式来操作 JSON 数据。

a) 读取 JSON

将数据作为文本文件读取，然后对 JSON 数据进行解析，这样的方法可以在所有支持的编程语言中使用。这种方法假设文件中的每一行都是一条 JSON 记录。如果你有跨行的 JSON 数据，你就只能读入整个文件，然后对每个文件进行解析。如果在你使用的语言中构建一个 JSON 解析器的开销较大，用户可以使用 mapPartitions( ) 来重用解析器。我们接下来为学生介绍使用 Jackson(http://jackson. codehaus. org/，见例 2-24)。之所以选择这个库，是因为它性能还不错，而且使用起来比较简单。如果解析时间过长，还可选择(http://geokoder. com/java-json-libraries-comparison)别的 JSON 库。

- 例 2-24. 读取 JSON

```
class ParseJson implements FlatMapFunction<Iterator<String>, Person>{
    public Iterable<Person> call( Iterator<String> lines ) throws Exception {
        ArrayList<Person> people = new ArrayList<Person>( );
        ObjectMapper mapper = new ObjectMapper( );
```

```
            while (lines.hasNext()) {
                String line = lines.next();
                try {
                    people.add(mapper.readValue(line, Person.class));
                } catch (Exception e) {
                    //跳过失败的数据}
                }
            }
            return people;
        }
}
JavaRDD<String> input = sc.textFile("file.json");
```

注：处理格式不正确的记录有可能会引起很严重的问题，尤其对于像 JSON 这样的半结构化数据来说。对于小数据集来说，可以接受在遇到错误的输入时停止程序（程序失败），但是对于大规模数据集来说，格式错误是家常便饭。如果选择跳过格式不正确的数据，你应该尝试使用累加器来跟踪错误的个数。

b) 保存 JSON

写出 JSON 文件比读取它要简单得多，因为不需要考虑格式错误的数据，并且也知道要写出的数据的类型。可以使用之前将字符串 RDD 转为解析好的 JSON 数据的库，将由结构化数据组成的 RDD 转为字符串 RDD，然后使用 Spark 的文本文件 API 写出去。假设我们要选出喜爱熊猫的人，就可以从第一步中获取输入数据，然后筛选出喜爱熊猫的人，如例 2-25 所示。

- 例 2-25. 保存为 JSON

```
class WriteJson implements FlatMapFunction<Iterator<Person>, String> {
    public Iterable<String> call(Iterator<Person> people) throws Exception {
        ArrayList<String> text = new ArrayList<String>();
        ObjectMapper mapper = new ObjectMapper();
        while (people.hasNext()) {
            Person person = people.next();
            text.add(mapper.writeValueAsString(person));}
        return text;
    }
}
JavaRDD<Person> result = input.mapPartitions(new ParseJson()).filter(new LikesPandas());
JavaRDD<String> formatted = result.mapPartitions(new WriteJson());
```

这样一来，就可以通过已有的操作文本数据的机制和 JSON 库，使用 Spark 轻易地读取和保存 JSON 数据了。

③ 逗号分隔值与制表符分隔值

逗号分隔值(CSV)文件每行都有固定数目的字段，字段间用逗号隔开(在制表符分隔值文件，即 TSV 文件中用制表符隔开)。记录通常是一行一条，不过也不总是这样，有时也可以跨行。CSV 文件和 TSV 文件有时支持的标准并不一致，主要是在处理换行符、转义字符、非 ASCII 字符、非整数值等方面。CSV 原生并不支持嵌套字段，所以需要手动组合和分解特定的字段。与 JSON 中的字段不一样的是，这里的每条记录都没有相关联的字段名，只能得到对应的序号。常规做法是使用第一行中每列的值作为字段名。

a) 读取 CSV

读取 CSV/TSV 数据和读取 JSON 数据相似，都需要先把文件当做普通文本文件来读取数据，再对数据进行处理。由于格式标准的缺失，同一个库的不同版本有时也会用不同的方式处理输入数据。与 JSON 一样，CSV 也有很多不同的库，但是我们只使用一个库，即 opencsv 库(http://opencsv.sourceforge.net/)作为示例。如果恰好你的 CSV 的所有数据字段均没有包含换行符，你也可以使用 textFile() 读取并解析数据，如例 2-26 所示。

- 例 2-26. 使用 textFile() 读取 CSV

```
import au.com.bytecode.opencsv.CSVReader;
import Java.io.StringReader;
…
public static class ParseLine implements Function<String, String[ ]>{
    public String[ ] call(String line) throws Exception{
        CSVReader reader = new CSVReader(new StringReader(line));
        return reader.readNext();
    }
}
JavaRDD<String> csvFile1 = sc.textFile(inputFile);
JavaPairRDD<String[ ]> csvData = csvFile1.map(new ParseLine());
```

如果在字段中嵌有换行符，就需要完整读入每个文件，然后解析各段，如例 2-27 所示。如果每个文件都很大，读取和解析的过程可能会很不幸地成为性能瓶颈。

- 例 2-27. 完整读取 CSV

```
public static class ParseLine
implements FlatMapFunction<Tuple2<String, String>, String[ ]>{
    public Iterable<String[ ]>call(Tuple2<String, String> file) throws Exception{
```

```
        CSVReader reader = new CSVReader(new StringReader(file._2()));
        return reader.readAll();}
}
JavaPairRDD<String, String> csvData = sc.wholeTextFiles(inputFile);
JavaRDD<String[]> keyedRDD = csvData.flatMap(new ParseLine());
```

注:如果只有一小部分输入文件,你需要使用 wholeFile() 方法,可能还需要对输入数据进行重新分区使得 Spark 能够更高效地并行化执行后续操作。

b) 保存 CSV

和 JSON 数据一样,写出 CSV/TSV 数据相当简单,同样可以通过重用输出编码器来加速。由于在 CSV 中我们不会在每条记录中输出字段名,因此为了使输出保持一致,需要创建一种映射关系。一种简单做法是写一个函数,用于将各字段转为指定顺序的数组。我们所使用的 CSV 库要输出到文件或者输出器,所以可以使用 StringWriter 或 StringIO 来将结果放到 RDD 中,如例 2-28 所示。

- 例 2-28. 写 CSV

```
JavaRDD<String> csvData = inputData.map(new Function<String, String>() {
    Public String call(String line) {
        String[] array = line.split(" ");
        List<String[]> list = new ArrayList<String[]>();
        List.add(array);
        StringWriter StringWriter = new StringWriter();
        CSVWriter csvWriter = new CSVWriter(StringWriter); csvWriter.writeAll(list);
        return StringWriter.toString();}
});
csvData.saveAsTextFile("/outFile");
```

前面的例子只能在我们知道所要输出的所有字段时使用。然而,如果一些字段名是在运行时由用户输入决定的,就要使用别的方法了。最简单的方法是遍历所有的数据,提取不同的键,然后分别输出。

④ SequenceFile

SequenceFile 是由没有相对关系结构的键值对文件组成的常用 Hadoop 格式。SequenceFile 文件有同步标记,Spark 可以用它来定位到文件中的某个点,然后再与记录的边界对齐。这可以让 Spark 使用多个节点高效地并行读取 SequenceFile 文件。SequenceFile 也是 Hadoop MapReduce 作业中常用的输入输出格式,所以如果你在使用一个已有的 Hadoop 系统,数据很有可能是以 SequenceFile 的格式供你使用的。

由于 Hadoop 使用了一套自定义的序列化框架,因此 SequenceFile 是由实现 Hadoop 的

Writable 接口的元素组成。表 2-11 列出了一些常见的数据类型以及它们对应的 Writable 类。标准的经验法则是尝试在类名的后面加上 Writable 这个词，然后检查它是否是 org.apache.hadoop.io.Writable 已知的子类。如果用户无法为要写出的数据找到对应的 Writable 类型（比如自定义的 case class），用户可以通过重载 org.apache.hadoop.io.Writable 中的 readfields 和 write 来实现自己的 Writable 类。

注：Hadoop 的 RecordReader 会为每条记录重用同一个对象，因此直接调用 RDD 的 cache 会导致失败；实际上，你只需要使用一个简单的 map() 操作然后将结果缓存即可。还有，许多 Hadoop Writable 类没有实现 java.io.Serializable 接口，因此为了让它们能在 RDD 中使用，还是要用 map() 来转换它们。

表 2-3　　　　　　　　　　　　**Hadoop Writable 类型对应表**

Scala 类型	Java 类型	Hadoop Writable 类
Int	Integer	IntWritable 或 VIntWritable
Long	Long	LongWritable 或 VLongWritable
Float	Float	FloatWritable
Double	Double	DoubleWritable
Boolean	Boolean	BooleanWritable
Array[Byte]	byte[]	BytesWritable
String	String	Text
Array[T]	T[]	ArrayWritable<TW>
List[T]	List<T>	ArrayWritable<TW>
Map[A, B]	Map<A, B>	MapWritable<AW, BW>

a) 读取 SequenceFile

Spark 有专门用来读取 SequenceFile 的接口。在 SparkContext 中，可以调用 sequenceFile(path, keyClass, valueClass, minPartitions)。前面提到过，SequenceFile 使用 Writable 类，因此 keyClass 和 valueClass 参数都必须使用正确的 Writable 类。举个例子，假设要从一个 SequenceFile 中读取人员以及他们所见过的熊猫数目。在这个例子中，keyClass 是 Text，而 valueClass 则是 IntWritable 或 VIntWritable。为了方便演示，在例 2-29 至例 2-30 中使用 IntWritable。

- 例 2-29. 读取 SequenceFile

```java
public static class ConvertToNativeTypes implements
    PairFunction<Tuple2<Text, IntWritable>, String, Integer>{
        public Tuple2<String, Integer> call(Tuple2<Text, IntWritable> record){
            return new Tuple2(record._1.toString(), record._2.get());
        }
}
JavaPairRDD<Text, IntWritable> input = sc.sequenceFile(fileName, Text.class,
IntWritable.class);
JavaPairRDD<String, Integer> result = input.mapToPair(new ConvertToNativeTypes());
```

b) 保存 SequenceFile

我们要使用 Spark 保存自定义 Hadoop 格式的功能来实现。例 2-30 向我们展示如何使用 Java 以 SequenceFile 保存数据。

- 例 2-30. 保存 SequenceFile

```java
public static class ConvertToWritableTypes implements
    PairFunction<Tuple2<String, Integer>, Text, IntWritable>{
        public Tuple2<Text, IntWritable> call(Tuple2<String, Integer> record){
            return new Tuple2(new Text(record._1), new IntWritable(record._2));
        }
}
JavaPairRDD<String, Integer> rdd = sc.parallelizePairs(input);
JavaPairRDD<Text, IntWritable> result = rdd.mapToPair(new ConvertToWritableTypes());
result.saveAsHadoopFile(fileName, Text.class, IntWritable.class, SequenceFileOutputFormat.class);
```

⑤ 对象文件

对象文件看起来就像是对 SequenceFile 的简单封装,它允许存储只包含值的 RDD。和 SequenceFile 不一样的是,对象文件是使用 Java 序列化写出的。

对对象文件使用 Java 序列化有几个要注意的地方。首先,和普通的 SequenceFile 不同,对于同样的对象,对象文件的输出和 Hadoop 的输出不一样。其次,与其他文件格式不同的是,对象文件通常用于 Spark 作业间的通信。最后,Java 序列化有可能相当慢。

要保存对象文件,只需在 RDD 上调用 saveAsObjectFile 就行了。读回对象文件也相当简单:用 SparkContext 中的 objectFile( ) 函数接收一个路径,返回对应的 RDD。

了解了关于使用对象文件的这些注意事项,你可能想知道为什么会有人要用它。使用对象文件的主要原因是它们可以用来保存几乎任意对象而不需要额外的工作。

⑥ Haoop 输入输出格式

除了 Spark 封装的格式之外，也可以与任 Hadoop 支持的格式交互。Spark 支持新旧两种 Hadoop 文件 API，提供了很大的灵活性。

a）读取其他 Hadoop 输入格式

使用新的 Hadoop API 中 newAPIHadoopFile 读入一个文件。newAPIHadoopFile 接收一个路径以及三个类。第一个类是"格式"类，代表输入格式。相似的函数 hadoopFile( ) 则用于使用旧的 API 实现的 Hadoop 输入格式。第二个类是键的类，最后一个类是值的类。若要设定额外的 Hadoop 配置属性，也可以传入一个 conf 对象。

KeyValueTextInputFormat 是最简单的 Hadoop 输入格式之一，可以用于从文本文件中读取键值对数据（如例 2-31 所示）。每一行都会被独立处理，键和值之间用制表符隔开。这个格式存在于 Hadoop 中，所以无须向工程中添加额外的依赖就能使用它。

- 例 2-31. 使用老式 API 读取 KeyValueTextInputFormat( )

JavaPairRDD<String，String>
input = sc. hadoopFile（"hdfs：//…"，KeyValueTextInputFormat. class，Text. class，Text. class）
   . mapToPair(f->new Tuple2<String，String>(f. _1( ). toString，f. _1( ). toString))；

我们学习了通过读取文本文件并加以解析以读取 JSON 数据的方法。事实上，我们也可以使用自定义 Hadoop 输入格式来读取 JSON 数据。该示例需要设置一些额外的压缩选项，我们暂且跳过关于设置压缩选项的细节。Twitter 的 Elephant Bird 包（https：//github. com/twitter/elephant-bird）支持很多种数据格式，包括 JSON、Lucene、Protocol Buffer 相关的格式等。这个包也适用于新旧两种 Hadoop 文件 API。为了展示如何在 Spark 中使用新式 Hadoop API，我们来看一个使用 Lzo JsonInputFormat 读取 LZO 算法压缩的 JSON 数据的例子。

- 例 2-32. 使用 Elephant Bird 读取 LZO 算法压缩的 JSON 文件

JavaPairRDD<LongWritable，MapWritable> input = sc. newAPIHadoopFile（"hdfs：//…"，
   LzoJsonInputFormat. class，LongWritable. class，MapWritable. class，conf)；
//"输入"中的每个 MapWritable 代表一个 JSON 对象

注：LZO 的支持要求你先安装 hadoop-lzo 包，并放到 Spark 的本地库中。如果你使用 Debian 包安装，在调用 spark-submit 时加上--driver-library-path /usr/lib/Hadoop /lib/native/--driver-class-path /usr/lib/hadoop/lib/就可以了。

使用旧的 Hadoop API 读取文件在用法上几乎一样，除了需要提供旧式 InputFormat 类。Spark 许多自带的封装好的函数（比如 sequenceFile( )）都是使用旧式 Hadoop API 实现的。

b）保存 Hadoop 输出格式

我们对 SequenceFile 已有了一定的了解，但是在 Java API 中没有易用的保存 pair RDD 的函数。我们就把这种情况作为展示如何使用旧式 Hadoop 格式的 API 的例子（见例 2-33）；新接口（saveAsNewAPIHadoopFile）的调用方法也是类似的。

- 例 2-33. 保存 SequenceFile

```
public static class ConvertToWritableTypes implements
    PairFunction<Tuple2<String, Integer>, Text, IntWritable>{
        public Tuple2<Text, IntWritable> call(Tuple2<String, Integer> record){
            return new Tuple2(new Text(record._1), new IntWritable(record._2));
        }
}
JavaPairRDD<String, Integer> rdd = sc.parallelizePairs(input);
JavaPairRDD<Text, IntWritable> result = rdd.mapToPair(new ConvertToWritableTypes());
result.saveAsHadoopFile(fileName, Text.class, IntWritable.class, SequenceFileOutputFormat.class);
```

c）非文件系统数据源

除了 hadoopFile() 和 saveAsHadoopFile() 这一大类函数，还可以使用 hadoopDataset/saveAsHadoopDataSet 和 newAPIHadoopDataset/saveAsNewAPIHadoopDataset 来访问 Hadoop 所支持的非文件系统的存储格式。例如，许多像 HBase 和 MongoDB 这样的键值对存储都提供了用来直接读取 Hadoop 输入格式的接口。我们可以在 Spark 中很方便地使用这些格式。

hadoopDataset() 这一组函数只接收一个 Configuration 对象，这个对象用来设置访问数据源所必需的 Hadoop 属性。你要使用与配置 Hadoop MapReduce 作业相同的方式来配置这个对象。所以你应当按照在 MapReduce 中访问这些数据源的使用说明来配置，并把配置对象传给 Spark。

d）示例：protocol buffer

Protocol buffer（简称 PB，https：//github.com/google/protobuf）最早由 Google 开发，用于内部的远程过程调用（RPC），已经开源。PB 是结构化数据，它要求字段和类型都要明确定义。它们是经过优化的，编解码速度快，而且占用空间也很小。比起 XML，PB 能在同样的空间内存储大约 3 到 10 倍的数据，同时编解码速度大约为 XML 的 20 至 100 倍。PB 采用一致化编码，因此有很多种创建一个包含多个 PB 消息的文件的方式。

例 2-34 研究的是如何从一个简单的 PB 格式中读取许多 VenueResponse 对象。VenueResponse 是只包含一个重复字段的简单格式，这个字段包含一条带有必需字段、可选字段以及枚举类型字段的 PB 消息。

- 例 2-34. PB 定义示例

```
message Venue {
    required int32 id = 1;
    required string name = 2;
    required VenueType type = 3;
    optional string address = 4;
    enum VenueType {
        COFFEESHOP = 0;
        WORKPLACE = 1;
        CLUB = 2;
        OMNOMNOM = 3;
        OTHER = 4;
    }
}
message VenueResponse { repeated Venue results = 1;}
```

前一节中使用过 Twitter 的 Elephant Bird 库来读取 JSON 数据,它也支持从 PB 中读取和保存数据。下面来看一个写出 Venues 的示例,如例 2-35 所示。

- 例 2-35. 使用 Elephant Bird 写出 protocol buffer

```
val job = new Job()
val conf = job.getConfiguration LzoProtobufBlockOutputFormat.setClassConf(
    classOf[Places.Venue], conf);
val dnaLounge = Places.Venue.newBuilder();
dnaLounge.setId(1);
dnaLounge.setName("DNA Lounge");
dnaLounge.setType(Places.Venue.VenueType.CLUB)
val data = sc.parallelize(List(dnaLounge.build()))
val outputData = data.map{ pb =>
    val protoWritable = ProtobufWritable.newInstance(classOf[Places.Venue]);
    protoWritable.set(pb);
    (null, protoWritable);
}
outputData.saveAsNewAPIHadoopFile(outputFile, classOf[Text],
classOf[ProtobufWritable[Places.Venue]],
classOf[LzoProtobufBlockOutputFormat[ProtobufWritable[Places.Venue]]], conf)
```

注:构建工程时,请确保使用的 PB 库的版本与 Spark 相同。

2. 本地/"常规"文件系统

Spark 支持从本地文件系统中读取文件，不过它要求文件在集群中所有节点的相同路径下都可以找到。一些像 NFS、AFS 以及 MapR 的 NFS layer 这样的网络文件系统会把文件以常规文件系统的形式暴露给用户。如果你的数据已经在这些系统中，那么你只需要指定输入为一个 file：//路径；只要这个文件系统挂载在每个节点的同一个路径下，Spark 就会自动处理（如例 2-36 所示）。

- 例 2-36. 从本地文件系统读取一个压缩的文本文件

```
JavaRDD<String> rdd = sc.textFile("file:///home/holden/happypandas.gz")
```

如果文件还没有放在集群中的所有节点上，你可以在驱动器程序中从本地读取该文件而无须使用整个集群，然后再调用 parallelize 将内容分发给工作节点。不过这种方式可能会比较慢，所以推荐的方法是将文件先放到像 HDFS、NFS、S3 等共享文件系统上。

3. 数据库

Spark 可以从任何支持 Java 数据库连接（JDBC）的关系型数据库中读取数据，包括 MySQL、Postgre 等系统。要访问这些数据，需要构建一个 org.apache.spark.rdd.JdbcRDD，将 SparkContext 和其他参数一起传给它。例 2-37 就演示了如何使用 JdbcRDD 连接 MySQL 数据库。

- 例 2-37. JdbcRDD

```
val data = new JdbcRDD(sc, createConnection, "SELECT * FROM panda WHERE ? <= id AND id <=?", lowerBound =1, upperBound =3, numPartitions =2, mapRow = extractValues)
println(data.collect().toList)
```

JdbcRDD 接收这样几个参数。

① 首先，要提供一个用于对数据库创建连接的函数。这个函数让每个节点在连接必要的配置后创建自己读取数据的连接。

② 接下来，要提供一个可以读取一定范围内数据的查询，以及查询参数中 lowerBound 和 upperBound 的值。这些参数可以让 Spark 在不同机器上查询不同范围的数据，这样就不会因尝试在一个节点上读取所有数据而遭遇性能瓶颈。

③ 这个函数的最后一个参数是一个可以将输出结果从 java.sql.ResultSet（http://docs.oracle.com/javase/7/docs/api/java/sql/ResultSet.html）转为对操作数据有用的格式的函数。在例 2-36 中，我们会得到（Int, String）对。如果这个参数空缺，Spark 会自动将每行结果转为一个对象数组。

和其他的数据源一样，在使用 JdbcRDD 时，需要确保你的数据库可以应付 Spark 并行读取的负载。如果你想要离线查询数据而不使用在线数据库，可以使用数据库的导出功能，将数据导出为文本文件。

2.2 案例实践

2.2.1 RDD API 综合实战

本例运用前面所讲到的 RDD 基本操作，来完成对日志文件的分析。实验中所用到的数据来自搜狗实验室，网址为：http：//www. sogou. com/labs/resource/q. php

1. 数据准备

用户可以根据自己的机器配置的实际情况，选择不同大小版本的实验数据。本实验只为讲解实验过程和原理，为方便数据的上传与下载，选用迷你版本的 tar. gz 格式的文件，其大小为 384K，下载后如图 2-8 所示：

图 2-8

- 解压得 SogouQ. sample 文件，文件内容大致如图 2-9 所示：

```
00:00:00  11515839301781111 [2008年运程] 4 3 2008.gif123.com/
00:00:00  26706283607513126 [芭蕾舞剧《天鹅湖》] 5 6 you.video.sina.
00:00:00  01532039495118448 [不锈钢] 1 1 www.51bxg.com/
00:00:01  0014362172758659586 [明星合成] 64 21 link.44box.com/
00:00:01  8958844460084823  [骆冰下载] 6 3 www.sxjzy.com/css/l.asp?i
00:00:01  14918066497166943 [欧洲冠军联赛决赛] 4 1 s.sohu.com/20080:
00:00:01  01532039495118448 [不锈钢] 1 2 www.51bxg.com/
```

图 2-9

该文件格式为：访问时间 \ t 用户 ID \ t 查询词 \ t 该 URL 在返回结果中的排名 \ t 用户点击的顺序号 \ t 用户点击的 URL(对应上图， \ t 为制表符)。

- 把解压后的文件 SogouQ. sample 上传到 hdfs 的 testdata 目录下，如图 2-10 所示：

```
:$ hdfs dfs -put SogouQ.sample /user/darlingliu/testdata
:$ hdfs dfs -ls /user/darlingliu/testdata

16-12-21 21:31 /user/darlingliu/testdata/SogouQ.sample
16-10-07 16:46 /user/darlingliu/testdata/synthetic_control.data
:$
```

图 2-10

- 从 web 控制台查看刚才上传的文件，如图 2-11 所示：

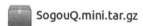

第 2 章 Spark RDD 算子

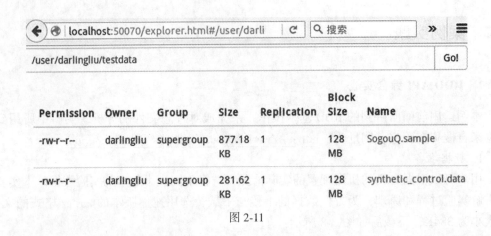

图 2-11

2. 数据操作

（1）我们使用 Spark 获得搜索结果排名第一，同时点击结果排名也是第一的数据项，也就是第四列值为 1，同时第五列值也为 1 的总记录个数。

- 进入 Spark 根目录，启动 spark-shell 控制台

图 2-12

- 先读取 SogouQ. sample 文件

图 2-13

2.2 案例实践

- 查看总记录条数，count 之后发现有 10000 条记录

```
scala> rdd.count
2016-12-22 10:07:13,366 INFO [org.apache.hadoop.mapred.FileInputFormat] - Total
2016-12-22 10:07:15,612 INFO [org.apache.spark.scheduler.TaskSchedulerImpl] - Re
2016-12-22 10:07:15,635 INFO [org.apache.spark.scheduler.DAGScheduler] - ResultS
2016-12-22 10:07:15,668 INFO [org.apache.spark.scheduler.DAGScheduler] - Job 0 f
res0: Long = 10000
```

图 2-14

- 首先过滤出有效的数据

```
scala> val rdd2 = rdd1.map(_.split("\t")).filter(_.length == 6)
rdd2: org.apache.spark.rdd.RDD[Array[String]] = MapPartitionsRDD[5] at filter at
```

图 2-15

- 可以发现该文件中的数据都是有效数据

```
scala> rdd2.count
2016-12-22 11:01:39,226 INFO [org.apache.spark.SparkContext] - Starting job:
```

图 2-16

```
2016-12-22 11:01:39,337 INFO [org.apache.spark.scheduler.TaskSchedulerImpl]
2016-12-22 11:01:39,337 INFO [org.apache.spark.scheduler.DAGScheduler] - Job
res2: Long = 10000
```

图 2-17

- 下面使用 Spark 获得搜索结果排名第一同时点击结果排名也是第一的数据量

```
scala> val rdd3 = rdd2.filter(_(3).toInt == 1).filter(_(4).toInt == 1)
rdd3: org.apache.spark.rdd.RDD[Array[String]] = MapPartitionsRDD[7] at filter
```

图 2-18

- 可以发现搜索结果排名第一同时点击结果排名也是第一的数据量为 1313 条

```
scala> rdd3.count
2016-12-22 11:06:39,396 INFO [org.apache.spark.SparkContext] - Starting job: count
2016-12-22 11:06:39,514 INFO [org.apache.spark.scheduler.TaskSchedulerImpl] - Remov
2016-12-22 11:06:39,515 INFO [org.apache.spark.scheduler.DAGScheduler] - Job 2 fini
res3: Long = 1313
```

图 2-19

- toDebugString 查看一下其 lineage

```
scala> rdd3.toDebugString
res4: String =
(2) MapPartitionsRDD[7] at filter at <console>:25 []
 |  MapPartitionsRDD[6] at filter at <console>:25 []
 |  MapPartitionsRDD[5] at filter at <console>:23 []
 |  MapPartitionsRDD[4] at map at <console>:23 []
 |  MapPartitionsRDD[3] at textFile at <console>:21 []
 |  hdfs://localhost:9000/user/darlingliu/testdata/SogouQ.sample HadoopRDD[2]
```

图 2-20

(2) 查看用户 ID 查询次数排行榜

- 进行 RDD 的相关操作

```
scala> val rdd4 = rdd2.map(x => (x(1),1)).reduceByKey(_+_).map(x => (x._2, x._1)).sortByKey(false).map(x => (x._2, x._1))
2016-12-22 11:25:04,219 INFO [org.apache.spark.SparkContext] - Starting job: sortByKey at <console>:25
2016-12-22 11:25:04,229 INFO [org.apache.spark.scheduler.DAGScheduler] - Registering RDD 17 (map at <console>:25)
2016-12-22 11:25:04,237 INFO [org.apache.spark.scheduler.DAGScheduler] - Got job 3 (sortByKey at <console>:25) with 2 out
2016-12-22 11:25:04,237 INFO [org.apache.spark.scheduler.DAGScheduler] - Final stage: ResultStage 4(sortByKey at <console>
2016-12-22 11:25:04,237 INFO [org.apache.spark.scheduler.DAGScheduler] - Parents of final stage: List(ShuffleMapStage 3)
2016-12-22 11:25:04,237 INFO [org.apache.spark.scheduler.DAGScheduler] - Missing parents: List(ShuffleMapStage 3)
```

图 2-21

- 把结果保存在 hdfs 上

```
scala> rdd4.saveAsTextFile("hdfs://localhost:9000/user/darlingliu/testdata/sogou_out")
2016-12-22 11:40:12,246 INFO [org.apache.spark.SparkContext] - Starting job: saveAsTex
2016-12-22 11:40:12,247 INFO [org.apache.spark.MapOutputTrackerMaster] - Size of outpu
2016-12-22 11:40:12,248 INFO [org.apache.spark.MapOutputTrackerMaster] - Size of outpu
2016-12-22 11:40:12,248 INFO [org.apache.spark.scheduler.DAGScheduler] - Got job 7 (sa
2016-12-22 11:40:12,248 INFO [org.apache.spark.scheduler.DAGScheduler] - Final stage:
2016-12-22 11:40:12,248 INFO [org.apache.spark.scheduler.DAGScheduler] - Parents of fi
2016-12-22 11:40:12,249 INFO [org.apache.spark.scheduler.DAGScheduler] - Missing paren
```

图 2-22

- Web 控制台查询保存结果

Permission	Owner	Group	Size	Replication	Block Size	Name
-rw-r--r--	darlingliu	supergroup	0 B	1	128 MB	_SUCCESS
-rw-r--r--	darlingliu	supergroup	44.75 KB	1	128 MB	part-00000
-rw-r--r--	darlingliu	supergroup	54.75 KB	1	128 MB	part-00001

图 2-23

- 我们通过 hadoop 命令把上述两个文件的内容合并起来

```
~$ hdfs dfs -getmerge testdata/sogou_out combinedResult.txt
```

图 2-24

- 查看一下合并后的本地文件

```
darlingliu    4096  3月  10  2016 .byteexec/
darlingliu    4096  4月  28  2016 .cache/
darlingliu  101882  12月 22 12:04 combinedResult.txt
darlingliu     804  12月 22 12:04 .combinedResult.txt.crc
```

图 2-25

- 使用 head 命令查看其具体内容

```
darlingliu@darlingliu-X550VC:~$ head combinedResult.txt
(1011517038707826,27)
(7230120314300312,23)
(9026201537815861,19)
(7650543509505572,19)
(2512392400865138,19)
(2091027677053418,17)
(9882234129973235,17)
(1251665057098315,16)
(0351010454922942,16)
(36118470827709276,16)
```

图 2-26

2.2.2 使用 Intellij Idea 搭建 Spark 开发环境

IDEA 全称 IntelliJ IDEA，是 Java 语言开发的集成环境，IntelliJ 在业界被公认为最好的 java 开发工具之一，尤其在智能代码助手、代码自动提示、重构、J2EE 支持、Ant、JUnit、CVS 整合、代码审查、创新的 GUI 设计等方面的功能可以说是超常的。

1. 准备工作

（1）IDEA 下载

官方下载地址 http：//www.jetbrains.com/idea/，打开后，点击 Download，如图 2-27 所示。

选择社区免费版，并根据系统选择不同的版本进行下载，如图 2-28 所示。

（2）下载安装 Scala

因 Spark 是用 Scala 语言实现的，为更好的使用 Spark，我们选择使用 Scala。当然 Spark 中也集成了 Java 和 Python 的实现接口。在第三章中，首先，我们使用熟悉的 Java 语言，来编写 Spark 应用程序，了解 Spark 程序的一般结构和逻辑，而在第四章中会重点运用 Scala，来实现程序的编写。

图 2-27

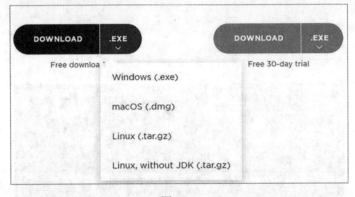

图 2-28

Scala 的官方下载地址为：http://www.scala-lang.org/

图 2-29

注意：如果之后要将 scala 文件打包成 jar 包并在 spark 集群上运行的话，请确保 spark 集群和打包操作所在机器环境保持一致！不然运行 jar 包会出现很多异常。

2. IDEA 中 scala 插件安装
- 打开 IDEA，选择 Configure→Plugins：

图 2-30

- 输入 scala，选择在线安装：

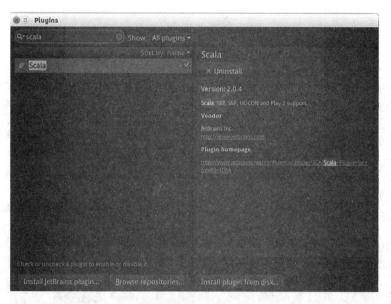

图 2-31

也可以，选择本地安装，此时需要提取从网上下载好 scala 插件（注：不同版本的 Idea 对应的 scala 插件版本可能不同，如若不行，换个版本多试几次）。

图 2-32

3. 新建 scala 项目

- Create→New Project→Scala：

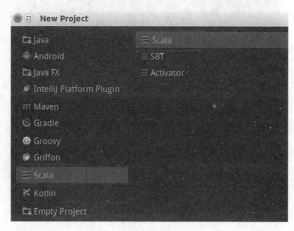

图 2-33

- 选择 jdk 和 scala 安装的目录，Idea 会自动识别：

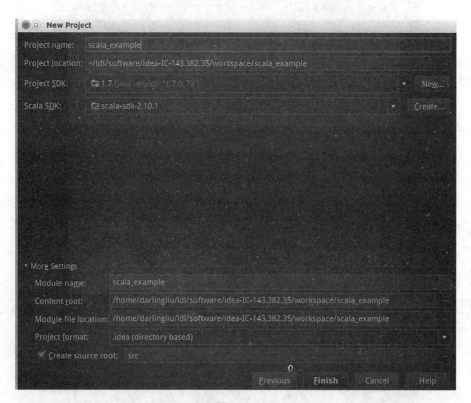

图 2-34

点击 Finish 完成 Project 的创建。
- 在 File 中选择 Project Structure 对项目进行配置：

图 2-35

- 点击左侧的 Liberaries，点击+进行添加 spark 的 jar 包：

图 2-36

- 打开 spark 安装目录，lib 目录下找到相应的包，一般只需引入图中的那个 jar 包即可，如若不放心可以都引入。

图 2-37

- 引入成功后，再 External Libraries 目录下，可看到如下包：

图 2-38

- 在 src 目录下 New→Package，然后在新建的包下 New→Scala Class，Class 类型选择 Object：

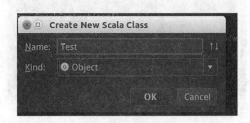

图 2-39

- 编写简单的代码：

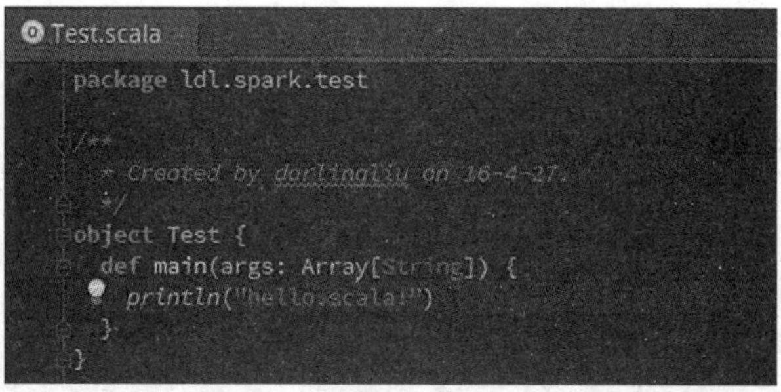

图 2-40

- 右击→Run 'Test' 得到输出结果：

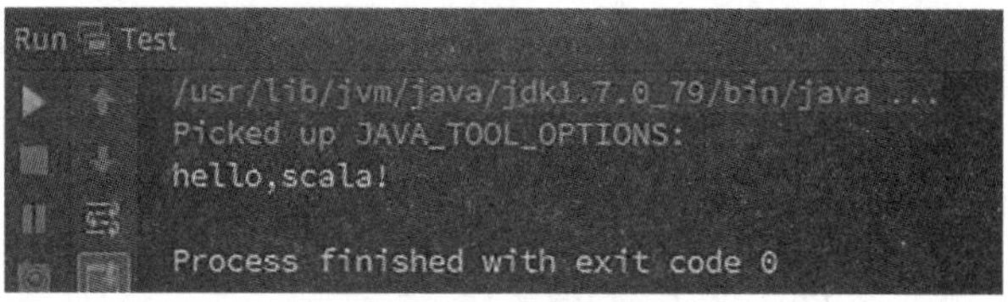

图 2-41

4. 编写 Spark 程序
- New→Scala Class 选择 Object：

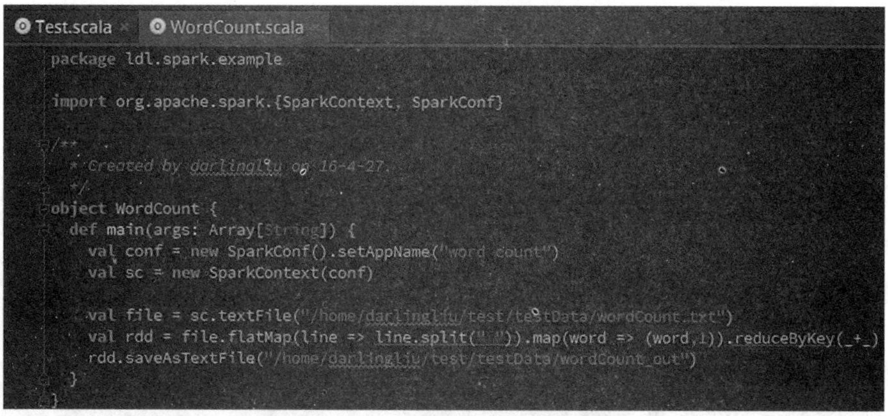

图 2-42

- 该例子程序为 wordcount 程序，如要在 IDEA 中本地运行，还需要如下配置：
  ➢ Run→Edit Configurations　选择+号→Application 到如图 2-43 界面
  ➢ 增加 VM options 参数选项　-Dspark.master=local，然后就可以右击程序运行。

第 2 章　Spark RDD 算子

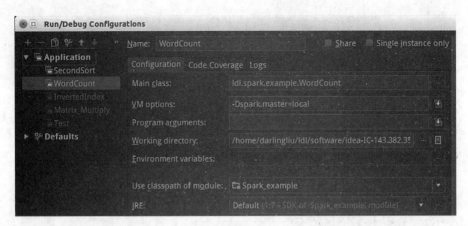

图 2-43

- 运行结果保存在输出目录中：

```
part-00000 ×
(non-exclusive,1)
(made,1)
(this,3)
(offer,1)
(is,1)
(under,1)
(applies,1)
```

5. 将项目打包成 Jar

- File→Project Structure→Artifacts→JAR→From modules with dependencies：

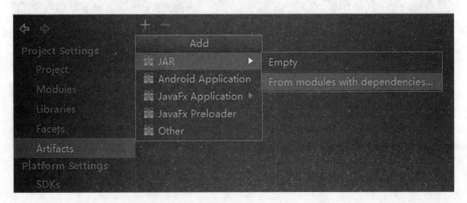

图 2-44

- 选择 Main Class：

图 2-45

- 点击确定：

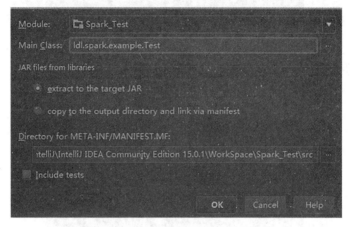

图 2-46

将默认的 Spark_Test：jar 重新名一下，并将依赖包删除（因集群上已经安装了 jdk，scala 和 spark，所以那些包可以去掉节省编译时间）。

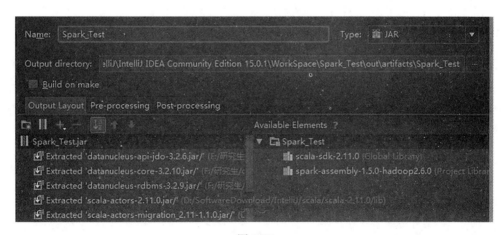

图 2-47

- 在菜单栏上选择 Build→Build Artifacts：

图 2-48

如图所示的操作：

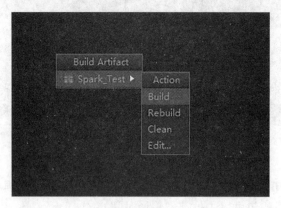

图 2-49

- 编译成功后可以在对应的输出文件夹下找到 jar 包：

图 2-50

第3章 Spark 基础实践

3.1 知识要点

3.1.1 Scala 语言

Scala 是一门多范式的编程语言,一种类似 Java 的编程语言,设计初衷是实现可伸缩的语言、并集成面向对象编程和函数式编程的各种特性。

1. 简介

Scala 编程语言抓住了很多开发者的眼球。如果你粗略浏览 Scala 的网站,你会觉得 Scala 是一种纯粹的面向对象编程语言,而又无缝地结合了命令式编程和函数式编程风格。Scala 有几项关键特性表明了它的面向对象的本质。例如,Scala 中的每个值都是一个对象,包括基本数据类型(即布尔值、数字等)在内,连函数也是对象。另外,类可以被子类化,而且 Scala 还提供了基于 mixin 的组合(mixin-based composition)。

2. 特性

- 面向对象特性

Scala 是一种纯面向对象的语言,每一个值都是对象。对象的数据类型以及行为由类和特征(Trait)描述。类抽象机制的扩展有两种途径。一种途径是子类继承,另一种途径是灵活的混入(Mixin)机制。这两种途径能避免多重继承的种种问题。

- 函数式编程

Scala 也是一种函数式语言,其函数也能当成值来使用。Scala 提供了轻量级的语法用以定义匿名函数,支持高阶函数,允许嵌套多层函数,并支持柯里化。

- 静态类型

Scala 是具备类型系统,通过编译时的检查,保证代码的安全性和一致性。类型系统具体支持以下特性:泛型类,型变注释(Variance Annotation),类型继承结构的上限和下限,把类别和抽象类型作为对象成员,复合类型,引用自己时显式指定类型,视图,多态方法。

- 扩展性

Scala 的设计承认一个事实,即在实践中,某个领域特定的应用程序开发往往需要特定于该领域的语言扩展。Scala 提供了许多独特的语言机制,可以以库的形式轻易无缝添加新的语言结构。

3.1.2 Spark Java、Python 接口

1. Java 编程接口

Spark 工作在 Java 6 或更高版本之上。如果你使用 Java 8，Spark 支持用 lambda 表达式简化函数编写，除此之外你还可以使用 org. apache. spark. api. java. function 包中的类。

最后，你需要将一些 Spark 的类导入到你的程序中。添加下列语句：

import org. apache. spark. api. java. JavaSparkContext
import org. apache. spark. api. java. JavaRDD
import org. apache. spark. SparkConf

2. Python 编程接口

Spark 只支持 Python2. 6 或更高的版本。它使用了标准的 CPython 解释器，所以诸如 NumPy 一类的 C 库也是可以使用的。

通过 Spark 目录下的 bin/spark-submit 脚本你可以在 Python 中运行 Spark 应用。这个脚本会载入 Spark 的 Java/Scala 库然后让你将应用提交到集群中。你可以执行 bin/pyspark 来打开 Python 的交互命令行。

如果你希望访问 HDFS 上的数据，你需要为你使用的 HDFS 版本建立一个 PySpark 连接。常见的 HDFS 版本标签都已经列在了这个第三方发行版页面。

最后，你需要将一些 Spark 的类 import 到你的程序中。加入如下这行：
from pyspark import SparkContext, SparkConf。

3.1.3 Spark 程序执行流程

Spark 作业的执行流程如图 3-1 所示：

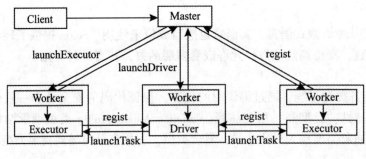

图 3-1

作业执行流程描述：
- 客户端提交作业给 Master
- Master 让一个 Worker 启动 Driver，即 SchedulerBackend。Worker 创建一个 DriverRunner

线程，DriverRunner 启动 SchedulerBackend 进程。
- 另外 Master 还会让其余 Worker 启动 Exeuctor，即 ExecutorBackend。Worker 创建一个 ExecutorRunner 线程，ExecutorRunner 会启动 ExecutorBackend 进程。
- ExecutorBackend 启动后会向 Driver 的 SchedulerBackend 注册。SchedulerBackend 进程中包含 DAGScheduler，它会根据用户程序，生成执行计划，并调度执行。对于每个 stage 的 task，都会被存放到 TaskScheduler 中，ExecutorBackend 向 SchedulerBackend 汇报的时候把 TaskScheduler 中的 task 调度到 ExecutorBackend 执行。
- 所有 stage 都完成后作业结束。

3.2 案例实践

前面章节已经介绍了很多关于 Spark 的基础知识、运行机制，Spark 的集群安装与配置方法，Spark 内核是由 Scala 语言开发的，当然也可以使用 Java 和 Python 进行开发。本节将从题目、程序和应用出发，介绍如何使用 Spark 进行程序开发，以及如何编写 Spark 程序。同时为方面同学们学习理解，本章节的代码采用了学生们较熟悉的 Java 语言编写。

在进行下列实战之前，同学们需要首先启动 hadoop 以及 spark，文中所涉及的 IP 地址学生需要根据实际情况改为自己主机的 IP 地址。

3.2.1 WordCount

WordCount 是大数据领域的经典范例，如同程序设计中的 Hello World 一样，是一个入门程序。本节主要从并行处理的角度出发，介绍设计 Spark 程序的过程。

1. 实例描述
- 输入

Hello World Bye World
Hello Hadoop Bye Hadoop
Bye Hadoop Hello Hadoop

- 输出

<Bye，3>
<Hadoop，4>
<Hello，3>
<World，2>

2. 设计思路

(1)在 map 阶段会将数据映射为

<Hello, 1>
<World, 1>
<Bye, 1>
<World, 1>
<Hello, 1>
<Hadoop, 1>
<Bye, 1>
<Hadoop, 1>
<Bye, 1>
<Hadoop, 1>
<Hello, 1>
<Hadoop, 1>

（2）在 reduceByKey 阶段会将相同 key 的数据合并，并将合并结果相加。

<Bye, 1, 1, 1>
<Hadoop, 1, 1, 1, 1>
<Hello, 1, 1, 1>
<World, 1, 1>

3. 实例代码

WordCount 的主要功能是统计输入中所有单词出现的总次数，编写步骤如下。

（1）初始化，创建一个 SparkContext 对象，该对象只有一个参数：应用程序名称，并引入下列包。

```
package ldl.spark.chapter3;
import scala.Tuple2;
import org.apache.spark.SparkConf;
import org.apache.spark.api.java.JavaPairRDD;
import org.apache.spark.api.java.JavaRDD;
import org.apache.spark.api.java.JavaSparkContext;
import org.apache.spark.api.java.function.FlatMapFunction;
import org.apache.spark.api.java.function.Function2;
import org.apache.spark.api.java.function.PairFunction;
import java.util.Arrays;
import java.util.List;
public class WordCount {
    public static void main(String[] args) {
```

```
SparkConf sparkConf = new SparkConf().setAppName("WordCount");
JavaSparkContext ctx = new JavaSparkContext(sparkConf);
```

(2) 加载输入数据

从 HDFS 上读取文本数据,可以使用 SparkContext 中的 textFile 函数将输入文件转换为一个 RDD,该函数采用 Hadoop 中的 TextInputFormat 解析输入数据。

```
JavaRDD<String> lines = ctx.textFile("hdfs://localhost:9000/data/wordcount.txt", 1);
```

textFile 中的每个 Hadoop Block 相当于一个 RDD 分区。

(3) 词频统计

对于 WordCount 而言,首先需要从输入数据中的每行字符串中解析出单词,然后分而治之,将相同单词放到一个组中,统计每个组中每个单词出现的频率。

```
JavaRDD<String> words = lines.flatMap(new FlatMapFunction<String, String>() {
    @Override
    public Iterable<String> call(String s) {
        return Arrays.asList(s.split(" "));
    }
});
JavaPairRDD<String, Integer> ones = words.mapToPair(new PairFunction<String, String, Integer>() {
    @Override
    public Tuple2<String, Integer> call(String s) {
        return new Tuple2<String, Integer>(s, 1);
    }
});
JavaPairRDD<String, Integer> counts = ones.reduceByKey(new Function2<Integer, Integer, Integer>() {
    @Override
    public Integer call(Integer i1, Integer i2) {
        return i1 + i2;
    }
});
List<Tuple2<String, Integer>> output = counts.collect();
for (Tuple2<?, ?> tuple : output) {
    System.out.println(tuple._1() + ":" + tuple._2());
}
```

其中，flatMap 函数每条记录转换，转换后，如果每个记录是一个集合；则将集合中的元素变为 RDD 中的记录；map 函数将一条记录映射为另一条记录；reduceByKey 函数将 key 相同的关键字的数据聚合到一起进行函数运算。

（4）存储结果，可以使用 SparkContext 中的 saveAsTextFile 函数将数据集保存到 HDFS 目录下。

counts.saveAsTextFile("hdfs：//localhost：9000/data/wordcount_out")；

4. 运行程序

（1）建立工程

可以按照第 2 章第 2.2.2 节中步骤建立工程，并在目录/usr/jar/下生成可执行 jar 包。我们本次实验生成的是 WordCount.jar 可执行 jar 包。

（2）向 HDFS 文件系统上传文件，执行如下命令：

hdfs dfs-put /usr/data/wordcount.txt /data/

注：HDFS 系统中需要新建文件夹，执行如下命令：

hdfs dfs-mkdir /data

（3）在 Spark 安装根目录下，执行如下命令：

bin/spark-submit--masterspark：//localhost：7077/usr/jar/WordCount.jar

（4）使用如下命令查看 HDFS 输出：

hdfs dfs-cat /data/wordcount_out/part-00000

图 3-2

5. 应用场景

WordCount 的模型可以在很多场景中使用，如统计过去一年中访客的浏览量、最近一段时间相同查询的数量和海量文本中的词频等。

3.2.2 Top K

1. 实例描述
- 输入

Hello World Bye World
Hello Hadoop Bye Hadoop
Bye Hadoop Hello Hadoop

- 输出

Hadoop 词频 4

2. 设计思路
首先实现 wordcount，topk 实现是以 wordcount 为基础，在分词统计完成后交换 key/value，然后调用 sortByKey 进行排序。

3. 示例代码
Top K 算法示例代码如下：

```java
package ldl.spark.chapter3;
import org.apache.spark.SparkConf;
import org.apache.spark.api.java.JavaPairRDD;
import org.apache.spark.api.java.JavaRDD;
import org.apache.spark.api.java.JavaSparkContext;
import org.apache.spark.api.java.function.FlatMapFunction;
import org.apache.spark.api.java.function.Function2;
import org.apache.spark.api.java.function.PairFunction;
import scala.Tuple2;
import java.io.Serializable;
import java.util.Arrays;
import java.util.Comparator;
import java.util.List;
import java.util.regex.Pattern;
public class TopK {
    public static final Pattern SPACE = Pattern.compile(" ");
    public static void main(String[] args) throws Exception {
        /* 执行 WordCount，统计出最高频的词 */
```

```java
SparkConf sparkConf = new SparkConf().setAppName("TopK");
JavaSparkContext cx = new JavaSparkContext(sparkConf);
JavaRDD<String> lines = cx.textFile("hdfs://localhost:9000/data/wordcount.txt", 1);
JavaRDD<String> words = lines.flatMap(new FlatMapFunction<String, String>() {
    @Override
    public Iterable<String> call(String s) throws Exception {
        return Arrays.asList(SPACE.split(s));
    }
});
JavaPairRDD<String, Integer> pairs = words.mapToPair(new PairFunction<String, String, Integer>() {
    @Override
    public Tuple2<String, Integer> call(String s) throws Exception {
        return new Tuple2<String, Integer>(s, 1);
    }
});
JavaPairRDD<String, Integer> counts = pairs.reduceByKey(new Function2<Integer, Integer, Integer>() {
    @Override
    public Integer call(Integer i1, Integer i2) throws Exception {
        return i1 + i2;
    }
});
/*交换 key/value*/
JavaPairRDD<Integer, String> converted = counts.mapToPair(new PairFunction<Tuple2<String, Integer>, Integer, String>() {
    @Override
    public Tuple2<Integer, String> call(Tuple2<String, Integer> tuple) throws Exception {
        return new Tuple2<Integer, String>(tuple._2(), tuple._1());
    }
});
/*对词频进行排序*/
JavaPairRDD<Integer, String> sorted = converted.sortByKey(true, 1);
List<Tuple2<Integer, String>> topK = sorted.top(1, new Comp());
for(Tuple2<Integer, String> top : topK) {
    System.out.println("词:" + top._2() + " 词频:" + top._1());
```

```
        }
        cx. stop( );
    }
}
class Comp implements Comparator<Tuple2<Integer, String>>, Serializable {
    @Override
    public int compare(Tuple2<Integer, String> o1, Tuple2<Integer, String> o2){
        if(o1._1( ) < o2._1( )){
            return -1;
        } else if(o1._1( ) > o2._1( )){
            return 1;
        } else {
            return 0;
        }
    }
}
```

4. 运行工程

(1)建立工程

可以按照 2.2 节中步骤建立工程，并在目录/usr/jar/下生成可执行 jar 包 TopK.jar。

(2)向 HDFS 文件系统上传文件，执行如下命令：

hdfs dfs-put /usr/data/wordcount.txt /data/

(3)在 Spark 安装根目录下，执行如下命令：

bin/spark-submit-master spark：//localhost：7077 /usr/jar/TopK.jar

结果显示如下：

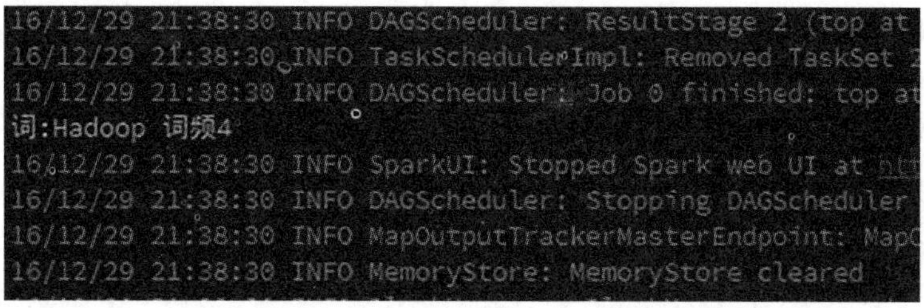

图 3-3

5. 应用场景

Top K 的示例模型可以应用在求过去一段时间消费次数最多的消费者、访问最频繁的 IP 地址和最近、更新、最频繁的微博等应用场景。

3.2.3 求取中位数

海量数据中通常有统计集合中位数的计算需求，读者可以通过以下示例了解 Spark 求中位数的方式。

1. 实例描述

若有很大一组数据，数据的个数是 N，在分布式数据存储情况下，找到这 N 个数的中位数。

- 数据输入是以下整型数据：

1、2、3、4、5、6、8、9、11、12、34

- 输出为：

6

2. 设计思路

海量数据求中位数有很多解决方案。假设海量数据已经预先排序本例的解决方案为：将整个数据空间划分为 K 个区域。第一轮，在 mapPartition 阶段先统计每个分区内的数据量。第二轮，根据桶统计的结果和总的数据量，可以判读数据落在哪个桶里，以及中位数的偏移量(offset)。针对这个分区的数据进行排序或者采用 Top K 的方式，获取到偏移为 offset 的数据。

注：本次实验只考虑了总数量为奇数的情况，且数据为有序数据。

3. 示例代码

```
package ldl.spark.chapter3;
import org.apache.spark.SparkConf;
import org.apache.spark.api.java.JavaPairRDD;
import org.apache.spark.api.java.JavaRDD;
import org.apache.spark.api.java.JavaSparkContext;
import java.util.ArrayList;
import java.util.Arrays;
import java.util.Iterator;
import java.util.List;
import java.util.regex.Pattern;
public class Median {
```

```java
public static void main(String[] args){
    SparkConf sparkConf=new SparkConf().setAppName("median");
    JavaSparkContext sc = new JavaSparkContext(sparkConf);
    List<Integer> data=Arrays.asList(1, 2, 3, 4, 5, 6, 8, 9, 11, 12, 34);
    JavaRDD<Integer> distdata=sc.parallelize(data, 4);
    int sum=(int) distdata.count();
    System.out.println("the size of data:"+distdata.partitions().size());
    JavaRDD<Integer> dist=distdata.mapPartitions(t->{
        List<Integer> list=new ArrayList<Integer>();
        int a=0;
        int i=0;
        while(t.hasNext()){
            i+=t.next();
            a++;
        }
        list.add(a);
        return list;
    }, true);
    int size=dist.partitions().size();
    List<Integer> line=dist.collect();
    int temp=0;
    int index=0;
    int mid=(sum/2)+1;
    for(Integer i=0; i<size; i++){
        temp=temp+line.get(i);
        if(temp>=mid){
            index=i;
            break;
        }
    }
    int offset=mid+line.get(index)-temp;
    JavaRDD<Integer> result=distdata.mapPartitionsWithIndex((x, it)->{
        List<Integer> midlist=new ArrayList<Integer>();
        int a=0;
        int num =0;
        while(it.hasNext()){
            a++;
            if(a==offset){num=it.next();
```

```
                break;
            }
        }
        midlist.add(num);
        return midlist.iterator();
    },false);
    System.out.println(" * * * the result is:"+result.collect().get(index) +" * * *");
    }
}
```

4. 运行工程

(1)建立工程

可以按照 2.2 节中步骤建立工程,并在目录/usr/jar/下生成可执行 jar 包 Median.jar。

(2)在 Spark 安装根目录下,执行如下命令:

bin/spark-submit-master spark://localhost:7077 /usr/jar/Median.jar

结果显示如下:

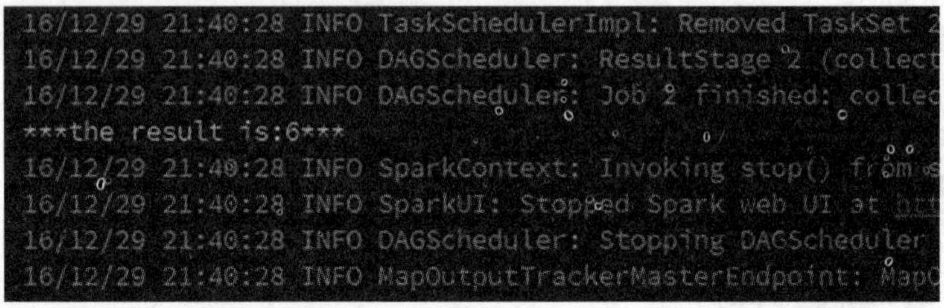

图 3-4

5. 应用场景

统计海量数据时,经常需要预估中位数,由中位数大致了解某列数据,做机器学习和数据挖掘的很多公式中也需要用到中位数。

3.2.4 倒排索引

倒排索引(inverted index)源于实际应用中需要根据属性的值来查找记录。在索引表中,每一项均包含一个属性值和一个具有该属性值的各记录的地址。由于记录的位置由属性值确定,而不是由记录确定,因而称为倒排索引。将带有倒排索引的文件称为倒排索引文件,简称倒排文件(inverted file)。其基本结构如图 3-5 所示。

搜索引擎的关键步骤是建立倒排索引。相当于为互联网上几千亿页网页做了一个索

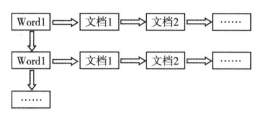

图 3-5 倒排索引基本结构

引，与书籍目录相似，用户想看与哪一个主题相关的章节，直接根据目录即可找到相关的页面。

1. 实例描述
- 输入为一批文档集合，合并为一个文件，以分隔符分隔。

id1 the spark
id2 the sqoop
id3 hadoop
id4 the spark

- 输出如下(单词，文档 ID 合并字符串)

sqoop id2
spark id1 id4
Hadoop id3
the id1 id2 id4

2. 设计思路

首先进行预处理和分词，转换数据项为(文档 ID，文档词集合)的 RDD，然后将数据映射为(词，文档 ID)的 RDD，去重，最后在 reduceByKey 阶段聚合每个词的文档 ID。

3. 示例代码

package ldl. spark. chapter3;
import org. apache. spark. SparkConf;
import org. apache. spark. api. java. JavaPairRDD;
import org. apache. spark. api. java. JavaRDD;
import org. apache. spark. api. java. JavaSparkContext;
import org. apache. spark. api. java. function. FlatMapFunction;
import org. apache. spark. api. java. function. Function;
import org. apache. spark. api. java. function. PairFunction;

```java
import scala.Tuple2;
import java.util.Arrays;
import java.util.LinkedList;
import java.util.List;
public class InvertedIndex {
    public static void main(String[] args) {
        SparkConf sparkConf = new SparkConf().setAppName("inverted");
        @SuppressWarnings("resource")
        JavaSparkContext sc = new JavaSparkContext(sparkConf);
        JavaRDD<String> line = sc.textFile("hdfs://localhost:9000/data/invertedindex");
        @SuppressWarnings("serial")
        JavaPairRDD<String, String> links = line.mapToPair(
            new PairFunction<String, String, String>() {
                public Tuple2<String, String> call(String s) {
                    return new Tuple2<String, String>(s.split(" ")[0], s);
                }
            });
        JavaPairRDD<String, String> word = links.mapValues(new
          Function<String, String>() {
            public String call(String s) {
                int n = s.indexOf(' ');
                s = s.substring(n+1);
                return s;
            }
        });
        JavaPairRDD<String, String> fd = word.flatMap(
            new FlatMapFunction<Tuple2<String, String>, Tuple2<String, String>>() {
                public Iterable<Tuple2<String, String>> call(Tuple2<String, String> t)
                  throws Exception {
                    List<Tuple2<String, String>> t1 = new LinkedList<Tuple2<String, String>>();
                    for(String item : Arrays.asList(t._2().split(" "))) {
                        t1.add(new Tuple2<String, String>(t._1(), item));
                    }
                    return t1;
                }
            }).mapToPair(new PairFunction<Tuple2<String, String>, String, String>() {
                public Tuple2<String, String> call(Tuple2<String, String> s) {
```

```java
                return new Tuple2<String, String>(s._2(), s._1());
            }
        });
        JavaPairRDD<String, String> result = fd.reduceByKey((a, b)->a+" "+b);
        System.out.println("***"+result.collect()+"***");
    }
}
```

4. 运行程序

(1) 建立工程

可以按照 2.2 节中步骤建立工程，并在目录/usr/jar/下生成可执行 jar 包 InvertedIndex.jar。

(2) 在 Spark 安装根目录下，执行如下命令：

bin/spark-submit-master spark：//localhost：7077 /usr/jar/InvertedIndex.jar

结果显示如下：

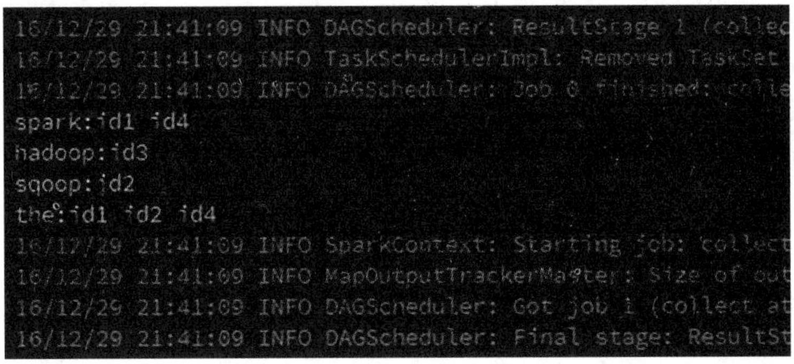

图 3-6

5. 应用场景

搜索引擎及垂直搜索引擎中需要构建倒排索引，文本分析中有的场景也需要构建倒排索引。

3.2.5 CountOnce

假设 HDFS 只存储一个标号为 ID 的 Block，每份数据保存 2 个备份，这样就有 2 个机器存储了相同的数据。其中 ID 是小于 10 亿的整数。若有一个数据块丢失，则需要找到哪个是丢失的数据块。

在某个时间，如果得到一个数据块 ID 的列表，能否快速地找到这个表中仅出现一次的 ID？即快速找出出现故障的数据块的 ID。

问题阐述：已知一个数组，数组中只有一个数据是出现一遍的，其他数据都是出现两遍，将出现一次的数据找出。

1. 实例描述
- 输入为 Block ID

1, 2, 3, 4, 4, 1, 3, 2, 6, 7, 8, 7, 6

- 输出为

8

2. 设计思路

利用异或运算将列表中的所有 ID 异或，之后得到的值即为所求 ID。先将每个分区的数据异或，然后将结果进行异或运算。

3. 示例代码

```java
package ldl.spark.chapter3;
import java.util.ArrayList;
import java.util.Arrays;
import java.util.List;
import org.apache.spark.SparkConf;
import org.apache.spark.api.java.JavaRDD;
import org.apache.spark.api.java.JavaSparkContext;
public class CountOnce {
    public static void main(String[] args) {
        SparkConf sparkConf = new SparkConf().setAppName("CountOnce");
        JavaSparkContext sc = new JavaSparkContext(sparkConf);
        List<Integer> data = Arrays.asList(1, 2, 3, 4, 4, 1, 3, 2, 6, 7, 8, 7, 6);
        JavaRDD<Integer> distdata = sc.parallelize(data, 3);
        JavaRDD<Integer> rdd = distdata.mapPartitions(iter->{
            int temp = iter.next();
            List<Integer> list = new ArrayList<Integer>();
            while(iter.hasNext()) {
                temp = temp^iter.next();
            }
            list.add(temp);
            return list;
```

```
        });
        Integer result=rdd.reduce((m,n)->m^n);
        System.out.println("***num appear once is:"+result+"***");
    }
}
```

4. 运行程序

(1)建立工程

可以按照 2.2 节中步骤建立工程,并在目录/usr/jar/下生成可执行 jar 包 CountOnce.jar。

(2)在 Spark 安装根目录下,执行如下命令:

bin/spark-submit-master spark://localhost:7077 /usr/jar/CountOnce.jar

结果显示如下:

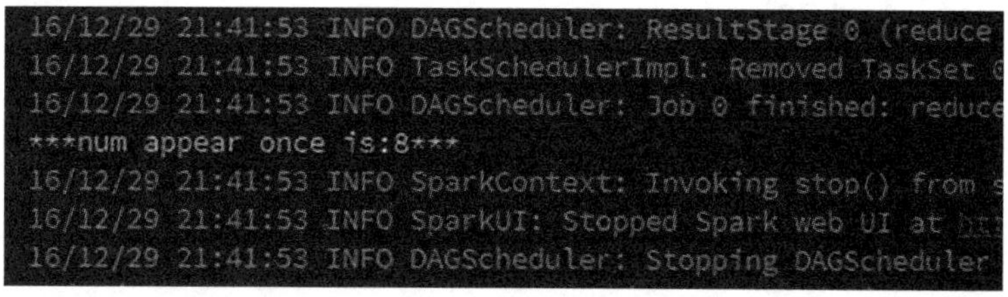

图 3-7

5. 应用场景

数据块损坏检索。例如,每个数据块有两个副本,有一个数据块损坏,需要找到那个数据块。

3.2.6 倾斜连接

并行计算中,我们总希望分配的每一个任务(task)都能以相似的粒度来切分,且完成时间相差不大。但是由于集群中的硬件和应用的类型不同、切分的数据大小不一,总会导致部分任务极大地拖慢了整个任务的完成时间。硬件不同暂且不论,下面举例说明不同应用类型的情况,如 Page Rank 或者 Data Mining 中的一些计算,它的每条记录消耗的成本不太一样,这里只讨论关于关系型运算的 Join 连接的数据倾斜状况。

- 数据倾斜原因如下:
  ➢ 业务数据本身的特性。
  ➢ Key 分布不均匀。
  ➢ 建表时考虑不周。

➢ 某些 SQL 语句本身就有数据倾斜。
- 数据倾斜表现如下：
  任务进度长时间维持，查看任务监控页面，由于其处理的数据量与其他任务差异过大，会发现只有少量(1 个或几个)任务未完成。
  1. 实例描述
- 输入：表 A(数据倾斜)、表 B

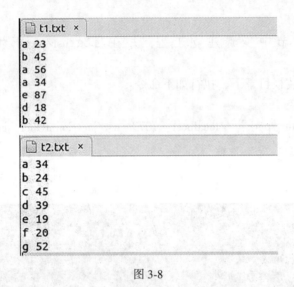

图 3-8

- 输出：表 C(A，B 连接后的表)
  2. 设计思路
  数据倾斜有很多解决方案，本例简要介绍一种实现方式。假设表 A 和表 B 连接，表 A 数据倾斜，只有一个 Key 倾斜。首先对 A 进行采样，统计出最倾斜的 Key。将 A 表分隔为 A1 只有倾斜 Key，A2 不包含倾斜 Key，然后分别与 B 连接。
  3. 示例代码

```
package ldl.spark.chapter3;
import org.apache.spark.SparkConf;
import org.apache.spark.api.java.JavaPairRDD;
import org.apache.spark.api.java.JavaRDD;
import org.apache.spark.api.java.JavaSparkContext;
import org.apache.spark.api.java.function.FlatMapFunction;
import org.apache.spark.api.java.function.Function;
import org.apache.spark.api.java.function.PairFunction;
import scala.Tuple2;
```

```java
public class DataSkew {
    public static void main(String[] args) {
        SparkConf sparkConf = new SparkConf().setAppName("DataSkew");
        JavaSparkContext sc = new JavaSparkContext(sparkConf);
        JavaRDD<String> t1 = sc.textFile("hdfs://localhost:9000/data/t1.txt");
        JavaRDD<String> t2 = sc.textFile("hdfs://localhost:9000/data/t2.txt");
        JavaPairRDD<String, String> s = t1.mapToPair(
            new PairFunction<String, String, String>() {
                public Tuple2<String, String> call(String s) {
                    return new Tuple2<String, String>(s.split(" ")[0], s);
                }
            });
        JavaPairRDD<String, String> st = s.mapValues(new Function<String, String>() {
            public String call(String s) {
                int n = s.indexOf(' ');
                s = s.substring(n+1);
                return s;
            }
        });
        JavaPairRDD<String, String> n = t2.mapToPair(
            new PairFunction<String, String, String>() {
                public Tuple2<String, String> call(String s) {
                    return new Tuple2<String, String>(s.split(" ")[0], s);
                }
            });
        JavaPairRDD<String, String> nt = n.mapValues(new Function<String, String>() {
            public String call(String s) {
                int n = s.indexOf(' ');
                s = s.substring(n+1);
                return s;
            }
        });
        JavaPairRDD<String, String> sample = st.reduceByKey((a, b)->a+" "+b);
        JavaPairRDD<Integer, String> key = sample.mapToPair(new
            PairFunction<Tuple2<String, String>, Integer, String>() {
                @Override
                public Tuple2<Integer, String> call(Tuple2<String, String> tuple2)
```

```
            throws Exception{
                return new Tuple2<Integer, String>(tuple2._2().length(), tuple2._1());
            }
        }).sortByKey(false);
        JavaRDD<String> max=key.values();
        String maxkey=max.collect().get(0);
JavaPairRDD<String, String> skewedTable=
        st.filter(row->row._1().equals(maxkey));
        JavaPairRDD<String, String> Table=st.filter(row->!row._1().equals(maxkey));
        JavaPairRDD<String, Tuple2<String, String>> maxjoin=skewedTable.join(nt);
        JavaPairRDD<String, Tuple2<String, String>> mainjoin=Table.join(nt);
        JavaPairRDD<String, Tuple2<String, String>> result=sc.union(maxjoin, mainjoin);
        result.saveAsTextFile("hdfs://localhost:9000/data/dataskew_out");
    }
}
```

4. 运行程序

(1) 建立工程

可以按照 2.2 节中步骤建立工程, 并在目录/usr/jar/下生成可执行 jar 包 DataSkew.jar。

(2) 在 Spark 安装根目录下, 执行如下命令:

bin/spark-submit-master spark://localhost:7077 /usr/jar/DataSkew.jar

结果显示如下:

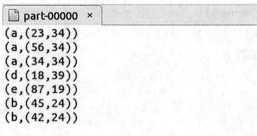

图 3-9

5. 应用场景

在大数据分析平台中, 经常遇到数据倾斜问题, 读者可以参照相应的思路处理数据倾斜的处理。SQL on Hadoop 系统中也需要处理数据倾斜问题。

3.3 小结

Spark 是整个 Spark 生态系统的底层核心引擎，单一的 Spark 框架并不能完成所有计算范式任务。如果有更复杂的数据分析需求，就需要借助 Spark 的上层组件。例如，为了分析大规模图数据，需要借助 GraphX 构建内存的图存储结构，然后通过 BSP 模型迭代算法。为了进行机器学习，需要借助 MLlib 底层实现的 SGD 等优化算法，进行搜索和优化。分析流数据需要借助 Spark Streaming 的流处理框架，将流数据转换为 RDD，输入与分析流数据。如果进行 SQL 查询或者交互式分析，就需要借助 Spark SQL 这个查询引擎，将 SQL 翻译为 Spark Job。相应的示例用户可以参考下一章节的内容进行学习。

第 4 章　Spark 进阶实践

4.1　Spark SQL 原理与实践

本节介绍 Spark 用来操作结构化和半结构化数据的接口——Spark SQL。结构化数据是指任何有结构信息的数据。所谓结构信息，就是每条记录共用的已知的字段集合。当数据符合这样的条件时，Spark SQL 就会使得针对这些数据的读取和查询变得更加简单高效。具体来说，Spark SQL 提供了以下三大功能（见图 4-1）。

（1）Spark SQL 可以从各种结构化数据源（例如 JSON、Hive、Parquet 等）中读取数据。

（2）Spark SQL 不仅支持在 Spark 程序内使用 SQL 语句进行数据查询，也支持从类似商业智能软件 Tableau 这样的外部工具中通过标准数据库连接器（JDBC/ODBC）连接 SparkSQL 进行查询。

（3）当在 Spark 程序内使用 Spark SQL 时，Spark SQL 支持 SQL 与常规的 Java 代码高度整合，包括连接 RDD 与 SQL 表、公开的自定义 SQL 函数接口等。这样一来，许多工作都更容易实现了。

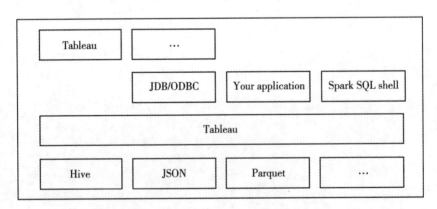

图 4-1　Spark SQL 的用途

为了实现这些功能，Spark SQL 提供了一种特殊的 RDD，叫作 DataFrame。DataFram 是存放 Row 对象的 RDD，每个 Row 对象代表一行记录。DataFrame 还包含记录的结构信息（即数据字段）。DataFrame 看起来和普通的 RDD 很像，但是在内部，DataFrame 可以利用结构信息更加高效地存储数据。此外，DataFrame 还支持 RDD 上所没有的一些新操作，比如运行 SQL 查询。DataFrame 可以从外部数据源创建，也可以从查询结果或普通 RDD 中创建。

4.1.1 知识要点

1. 连接 Spark SQL

跟 Spark 的其他程序库一样,要在应用中引入 Spark SQL 需要添加一些额外的依赖。这种分离机制使得 Spark 内核的编译无需依赖大量额外的包。

Apache Hive 是 Hadoop 上的 SQL 引擎,Spark SQL 编译时可以包含 Hive 支持,也可以不包含。包含 Hive 支持的 Spark SQL 可以支持 Hive 表访问、UDF(用户自定义函数)、SerDe(序列化格式和反序列化格式),以及 Hive 查询语言(HiveQL/HQL)。需要强调的一点是,如果要在 Spark SQL 中包含 Hive 的库,并不需要事先安装 Hive。一般来说,最好还是在编译 Spark SQL 时引入 Hive 支持,这样就可以使用这些特性了。如果你下载的是二进制版本的 Spark,它应该已经在编译时添加了 Hive 支持。而如果你是从代码编译 Spark,你应该使用 sbt/sbt-Phive assembly 编译,以打开 Hive 支持。

如果你的应用与 Hive 之间发生了依赖冲突,并且无法通过依赖排除以及依赖封装解决问题,你也可以使用没有 Hive 支持的 Spark SQL 进行编译和连接。那样的话,你要连接的就是另一个 Maven 工件了。

例 4-1. 带有 Hive 支持的 Spark SQL 的 Maven 索引

```
groupId = org.apache.spark
artifactId = spark-hive_2.10
version = 1.5.1
```

当使用 Spark SQL 进行编程时,根据是否使用 Hive 支持,有两个不同的入口。推荐使用的入口是 HiveContext,它可以提供 HiveQL 以及其他依赖于 Hive 的功能的支持。更为基础的 SQLContext 则支持 Spark SQL 功能的一个子集,子集中去掉了需要依赖 Hive 的功能。这种分离主要是为那些可能会因为引入 Hive 的全部依赖而陷入依赖冲突的用户而设计的。使用 HiveContext 不需要事先部署好 Hive。

注:Spark SQL 是 Spark 中一个较新的组件,正在快速发展中。兼容的 Hive 版本会在将来不断变化,所以请查阅最新版本的文档以获取详细信息。

最后,若要把 Spark SQL 连接到一个部署好的 Hive 上,你必须把 hive-site.xml 复制到 Spark 的配置文件目录中($SPARK_HOME/conf)。即使没有部署好 Hive,Spark SQL 也可以运行。

2. Spark SQL 基本使用

Spark SQL 最强大之处就是可以在 Spark 应用内使用。这种方式让我们可以轻松读取数据并使用 SQL 查询,同时还能把这一过程和普通的 Python/Java/Scala 程序代码结合在一起。

要以这种方式使用 Spark SQL,需要基于已有的 SparkContext 创建出一个 HiveContext(如果使用的是去除 Hive 支持的 Spark 版本,则创建出 SQLContext)。这个上下文环境提供了对 Spark SQL 的数据进行查询和交互的额外函数。使用 HiveContext 可以创建出表示结构化数据的 DataFrame，并且使用 SQL 或是类似 map( ) 的普通 RDD 操作来操作这些 DataFrame。

(1) 初始化 Spark SQL

要开始使用 Spark SQL，首先要在程序中添加一些 import 声明，如例 4-2 所示。

例 4-2. SQL 的 import 声明

```
//导入 Spark SQL
import org. apache. spark. sql. hive. HiveContext;
//当不能使用 hive 依赖时
import org. apache. spark. sql. SQLContext;
//导入 JavaDataFrame
import org. apache. spark. sql. DataFrame;
import org. apache. spark. sql. Row;
```

添加好 import 声明之后，需要创建出一个 HiveContext 对象。而如果无法引入 Hive 依赖，就创建出一个 SQLContext 对象作为 SQL 的上下文环境(如例 4-3 所示)。这两个类都需要传入一个 SparkContext 对象作为运行的基础。

例 4-3. 创建 SQL 上下文环境

```
JavaSparkContext ctx = new JavaSparkContext( ...);
SQLContext sqlCtx = new HiveContext( ctx);
```

(2) 基本查询示例

要在一张数据表上进行查询，需要调用 HiveContext 或 SQLContext 中的 sql( ) 方法。要做的第一件事就是告诉 Spark SQL 要查询的数据是什么。因此，需要先从 JSON 文件中读取一些推特数据，把这些数据注册为一张临时表并赋予该表一个名字，然后就可以用 SQL 来查询它了。(下面会更深入地讲解读取数据的细节。)接下来，就可以根据 retweetCount 字段(转发计数)选出最热门的推文，如例 4-4 所示。

例 4-4. 读取并查询推文

```
DataFrame input = hiveCtx. jsonFile( inputFile);
//注册输入的 DataFrame
input. registerTempTable( "tweets");
//依据 retweetCount(转发计数)选出推文
DataFrame topTweets = hiveCtx. sql( "SELECT text, retweetCount FROM
    tweets ORDER BY retweetCount LIMIT 10");
```

注：如果你已经有安装好的 Hive，并且已经把你的 hive-site.xml 文件复制到了 $SPARK_HOME/conf 目录下，那么你也可以直接运行 hiveCtx.sql 来查询已有的 Hive 表。

（3）DataFrame

读取数据和执行查询都会返回 DataFrame。DataFrame 和传统数据库中的表的概念类似。从内部机理来看，DataFrame 是一个由 Row 对象组成的 RDD，附带包含每列数据类型的结构信息。Row 对象只是对基本数据类型（如整型和字符串型等）的数组的封装。我们会在下一部分中进一步探讨 Row 对象的细节。

DataFrame 仍然是 RDD，所以你可以对其应用已有的 RDD 转化操作，比如 map() 和 filter()。然而，DataFrame 也提供了一些额外的功能支持。最重要的是，你可以把任意 DataFrame 注册为临时表，就可以使用 HiveContext.sql 或 SQLContext.sql 来对它进行查询了。你可以通过 DataFrame 的 registerTempTable() 方法这么做，如例 4-4 所示。

临时表是当前使用的 HiveContext 或 SQLContext 中的临时变量，在你的应用退出时这些临时表就不再存在了。

- 使用 Row 对象

Row 对象表示 DataFrame 中的记录，其本质就是一个定长的字段数组。Row 对象有一系列 getter 方法，可以通过下标获取每个字段的值。标准的取值方法 get，读入一个列的序号然后返回一个 Object 类型的对象，然后由我们把对象转为正确的类型。对于 Boolean、Byte、Double、Float、Int、Long、Short 和 String 类型，都有对应的 getType() 方法，可以把值直接作为相应的类型返回。例如，getString(0) 会把字段 0 的值作为字符串返回，如例 4-5 所示。

例 4-5. 访问 topTweet 这个 SchemaRDD 中的 text 列（也就是第一列）

```
JavaRDD<String> topTweetText = topTweets.toJavaRDD().map(
    new Function<Row, String>() {
        public String call(Row row) {
            return row.getString(0);
        }
}});
```

（4）缓存

Spark SQL 的缓存机制与 Spark 中的稍有不同。由于我们知道每个列的类型信息，所以 Spark 可以更加高效地存储数据。为了确保使用更节约内存的表示方式进行缓存而不是储存整个对象，应当使用专门的 hiveCtx.cacheTable("tableName") 方法。当缓存数据表时，Spark SQL 使用一种列式存储格式在内存中表示数据。这些缓存下来的表只会在驱动器程序的生命周期里保留在内存中，所以如果驱动器进程退出，就需要重新缓存数据。和缓存 RDD 时的动机一样，如果想在同样的数据上多次运行任务或查询时，就应把这些数据表缓存起来。

3. 读取和存储数据

Spark SQL 支持很多种结构化数据源，可以让你跳过复杂的读取过程，轻松从各种数据源中读取到 Row 对象。这些数据源包括 Hive 表、JSON 和 Parquet 文件。此外，当你使用 SQL 查询这些数据源中的数据并且只用到了一部分字段时，Spark SQL 可以智能地只扫描这些用到的字段，而不是像 SparkContext.hadoopFile 中那样简单粗暴地扫描全部数据。

除这些数据源之外，你也可以在程序中通过指定结构信息，将常规的 RDD 转化为 DataFrame。这使得在 Java 对象上运行 SQL 查询更加简单。当需要计算许多数值时，SQL 查询往往更加简洁（比如要同时求出平均年龄、最大年龄、不重复的用户 ID 数目等）。不仅如此，你还可以自如地将这些 RDD 和来自其他 Spark SQL 数据源的 DataFrame 进行连接操作。在本节中，我们会讲解外部数据源以及这种使用 RDD 的方式。

（1）Apache Hive

当从 Hive 中读取数据时，Spark SQL 支持任何 Hive 支持的存储格式（SerDe），包括文本文件、RCFiles、ORC、Parquet、Avro，以及 Protocol Buffer。

要把 Spark SQL 连接到已经部署好的 Hive 上，你需要提供一份 Hive 配置。你只需要把你的 hive-site.xml 文件复制到 Spark 的 ./conf/ 目录下即可。如果你只是想探索一下 Spark SQL 而没有配置 hive-site.xml 文件，那么 Spark SQL 则会使用本地的 Hive 元数据仓，并且同样可以轻松地将数据读取到 Hive 表中进行查询。

例 4-6 展示了如何查询一张 Hive 表。Hive 示例表有两列，分别是 key（一个整型值）和 value（一个字符串）。我们会在本节稍后介绍如何创建这样的表。

例 4-6. 从 Hive 读取

```
import org.apache.spark.sql.hive.HiveContext;
import org.apache.spark.sql.Row;
import org.apache.spark.sql.SchemaRDD;
HiveContext hiveCtx = new HiveContext(sc);
SchemaRDD rows = hiveCtx.sql("SELECT key, value FROM mytable");
JavaRDD<Integer> keys = rdd.toJavaRDD().map(new Function<Row, Integer>() {
    public Integer call(Row row) { return row.getInt(0); }
});
```

（2）Parquet

Parquet（http://parquet.apache.org/）是一种流行的列式存储格式，可以高效地存储具有嵌套字段的记录。Parquet 格式经常在 Hadoop 生态圈中被使用，它也支持 Spark SQL 的全部数据类型。Spark SQL 提供了直接读取和存储 Parquet 格式文件的方法。

首先，可以通过 HiveContext.parquetFile 或者 SQLContext.parquetFile 来读取数据，如例 4-7 所示。

例 4-7. Parquet 数据读取

```
//从一个有 Name 和 Age 字段的 Parquet 文件中读取数据
DataFrame parquetFile = sqlContext.read().parquet("people.parquet");
```

你也可以把 Parquet 文件注册为 Spark SQL 的临时表，并在这张表上运行查询语句。在例 4-7 中我们读取了数据，接下来可以参照例 4-8 所示的对数据进行查询。

例 4-8. Parquet 数据查询

```
//查询适龄者
parquetFile.registerTempTable("parquetFile");
DataFrame teenagers = sqlContext.sql("SELECT name FROM parquetFile WHERE
    age >= 13 AND age <= 19");
List<String> teenagerNames = teenagers.javaRDD().map(
    new Function<Row, String>(){
        public String call(Row row){
            return "Name:" + row.getString(0);
        }
}).collect();
```

最后，可以使用 saveAsParquetFile() 把 DataFram 的内容以 Parquet 格式保存，如例 4-9 所示。

例 4-9. Parquet 文件保存

```
teenagers.saveAsParquetFile("hdfs://...");
```

(3) JSON

如果你有一个 JSON 文件，其中的记录遵循同样的结构信息，那么 Spark SQL 就可以通过扫描文件推测出结构信息，并且让你可以使用名字访问对应字段（如例 4-10 所示）。如果你在一个包含大量 JSON 文件的目录中进行尝试，你就会发现 Spark SQL 的结构信息推断可以让你非常高效地操作数据，而无须编写专门的代码来读取不同结构的文件。

要读取 JSON 数据，只要调用 hiveCtx 中的 jsonFile() 方法即可，如例 4-11 所示。如果你想获得从数据中推断出来的结构信息，可以在生成的 SchemaRDD 上调用 printSchema 方法（见例 4-12）。

例 4-10. 输入记录

```
{"name":"Holden"}
{"name":"Sparky The Bear", "lovesPandas": true,"knows": {"friends": ["holden"]}}
```

例 4-11. 使用 Spark SQL 读取 JSON 数据

```
SchemaRDD input = hiveCtx.jsonFile(jsonFile);
```

例 4-12. printSchema( )输出的结构信息

```
root
 |-- knows：struct（nullable = true）
 ||-- friends：array（nullable = true）
 |||-- element：string（containsNull = false）
 |-- lovesPandas：boolean（nullable = true）
 |-- name：string（nullable = true）
```

(4) 基于 RDD

除了读取数据，也可以基于 RDD 创建 DataFrame。可以调用 applySchema( ) 把 RDD 转为 SchemaRDD，只需要这个 RDD 中的数据类型带有公有的 getter 和 setter 方法，并且可以被序列化，如例 4-13 所示。

例 4-13. 基于 JavaBean 创建 SchemaRDD

```java
class HappyPerson implements Serializable {
    private String name;
    private String favouriteBeverage;
    public HappyPerson( ) { }
    public HappyPerson( String n, String b) {
        name = n; favouriteBeverage = b;
    }
    public String getName( ) { return name; }
    public void setName( String n) { name = n; }
    public String getFavouriteBeverage( ) { return favouriteBeverage; }
    public void setFavouriteBeverage( String b) { favouriteBeverage = b; }
};
…
ArrayList<HappyPerson> peopleList = new ArrayList<HappyPerson>( );
peopleList. add( new HappyPerson( "holden", "coffee" ) );
JavaRDD<HappyPerson> happyPeopleRDD = sc. parallelize( peopleList );
SchemaRDD happyPeopleSchemaRDD = hiveCtx. applySchema(
    happyPeopleRDD, HappyPerson. class );
happyPeopleSchemaRDD. registerTempTable( "happy_people" );
```

4. 用户自定义函数

用户自定义函数，也叫 UDF，可以让我们使用 Java 注册自定义函数，并在 SQL 中调用。这种方法很常用，通常用来给机构内的 SQL 用户们提供高级功能支持，这样这些用户就可以直接调用注册的函数而无须自己去通过编程来实现了。在 Spark SQL 中，编写 UDF 尤为简单。Spark SQL 不仅有自己的 UDF 接口，也支持已有的 Apache Hive UDF。

（1）Spark SQL UDF

我们可以使用 Spark 支持的编程语言编写好函数，然后通过 Spark SQL 内建的方法传递进来，非常便捷地注册我们自己的 UDF。在 Scala 和 Python 中，可以利用语言原生的函数和 lambda 语法的支持，而在 Java 中，则需要扩展对应的 UDF 类。UDF 能够支持各种数据类型，返回类型可以与调用时的参数类型完全不一样。

在例 4-14 和例 4-15 中，我们可以看到一个用来计算字符串长度的非常简易的 UDF，可以用它来计算推文的长度。定义 UDF 需要一些额外的 import 声明。和在定义 RDD 函数时一样，根据我们要实现的 UDF 的参数个数，需要扩展特定的类。

例 4-14. UDF import 声明

```
//导入 UDF 函数类以及数据类型
//注意：这些 import 路径可能会在将来的发行版中改变
import org. apache. spark. sql. api. java. UDF1;
import org. apache. spark. sql. types. DataTypes;
```

例 4-15. 字符串长度 UDF

```
hiveCtx. udf( ). register("stringLengthJava", new UDF1<String, Integer>( ){
    @Override
    public Integer call(String str) throws Exception { return str. length( );}
}, DataTypes. IntegerType);
SchemaRDD tweetLength = hiveCtx. sql(
    "SELECT stringLengthJava('text') FROM tweets LIMIT 10");
List<Row> lengths = tweetLength. collect( );
for (Row row : result){ System. out. println(row. get(0));
```

（2）Hive UDF

Spark SQL 也支持已有的 Hive UDF。标准的 Hive UDF 已经自动包含在了 Spark SQL 中。如果需要支持自定义的 Hive UDF，我们要确保该 UDF 所在的 JAR 包已经包含在了应用中。需要注意的是，如果使用的是 JDBC 服务器，也可以使用--jars 命令行标记来添加 JAR。开发 Hive UDF 不在本书的讨论范围之中，所以我们只会介绍一下如何使用已有的 Hive UDF。

要使用 Hive UDF，应该使用 HiveContext，而不能使用常规的 SQLContext。要注册一个 Hive UDF，只需调用 hiveCtx. sql ("CREATE TEMPORARY FUNCTION name AS class. function")。

4.1.2 案例实践

我们在解决我们的需求时,首先是读入数据,需要把数据读入到内存中去,读数据 SQLContext 提供了两个方法,为了便于演示,采用以下 JSON 格式进行存储,写成这样的格式,但是可以保存为.txt 格式的文件。

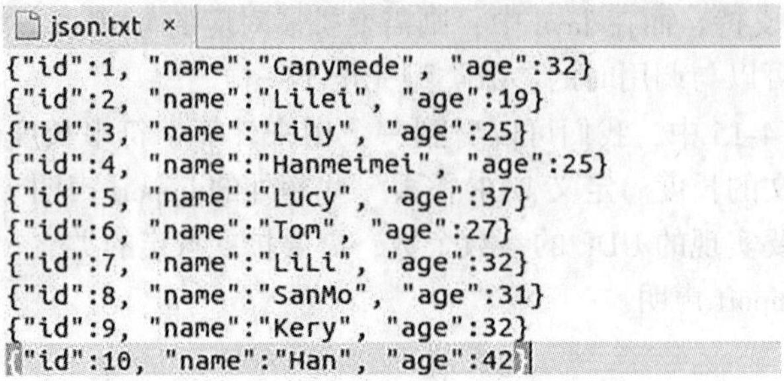

```
json.txt
{"id":1, "name":"Ganymede", "age":32}
{"id":2, "name":"Lilei", "age":19}
{"id":3, "name":"Lily", "age":25}
{"id":4, "name":"Hanmeimei", "age":25}
{"id":5, "name":"Lucy", "age":37}
{"id":6, "name":"Tom", "age":27}
{"id":7, "name":"LiLi", "age":32}
{"id":8, "name":"SanMo", "age":31}
{"id":9, "name":"Kery", "age":32}
{"id":10, "name":"Han", "age":42}
```

图 4-2

1. 读数据

(1)直接对数据源文件进行操作

import org. apache. spark. sql. SQLContext
val sql = new SQLContext(sc) //声明一个 SQLContext 的对象,以便对数据进行操作
val peopleInfo = sql. read. json("文件路径")
//其中 peopleInfo 返回的结果是:org. apache. spark. sql. DataFrame =
// [age: bigint, id: bigint, name: string],这样就把数据读入到内存中了

首先 sparkSQL 先找到文件,以解析 json 的形式进行解析,同时通过 json 的 key 形成 schema, scheam 的字段的顺序不是按照我们读入数据时期默认的顺序,如上,其字段的顺序是通过字符串的顺序进行重新组织的。默认情况下,会把整数解析成 bigint 类型的,把字符串解析成 string 类型的,通过这个方法读入数据时,返回值得结果是一个 DataFrame 数据类型。我们可以调用 schema 来看其存储的是什么。

peopleInfo. schema
//返回的结果是:org. apache. spark. sql. types. StructType =
//StructType(StructField(age, LongType, true), StructField(id, LongType, true),
// StructField(name, StringType, true))

(2)从一个数据表中选择部分字段,而不是选择表中的所有字段。把上述 json 格式的数据保存为数据库中表的格式,需要注意的是这种只能处理数据库表数据

```
val peopleInfo = sql.sql(""""select id, name, age from peopleInfo""".stripMargin)
//其中 stripMargin 方法是来解析我们写的 sql 语句的。
//返回的结果和 read 读取返回的结果是一样的：
//org.apache.spark.sql.DataFrame = [age: bigint, id: bigint, name: string]
```

2. 写入数据

(1) 通过类构建 schema，还以上面的 peopleInfo 为例子

```
val sql = new SQLContext(sc) //创建一个 SQLContext 对象
import sql.implicits._ //这个 sql 是上面我们定义的 sql, 而不是某一个 jar 包
val people = sc.textFile("people.txt") //我们采用 spark 的类型读入数据，因为如果用
                                       //SQLContext 进行读入，他们自动有了 schema
case clase People(id: Int, name: String, age: Int) //定义一个类
val peopleInfo = people.map(lines => lines.split(","))
                      .map(p => People(p(0).toInt, p(1), p(2).toInt)).toDF
//这样的一个 toDF 就创建了一个 DataFrame, 如果不导入
//sql.implicits._, 这个 toDF 方法是不可以用的。
```

上面的例子是利用了 scala 的反射技术，生成了一个 DataFrame 类型。可以看出我们是把 RDD 给转换为 DataFrame 的。

(2) 直接构造 schema, 以 peopelInfo 为例子。直接构造，我们需要把数据类型进行转化成 Row 类型，不然会报错。

```
val sql=new SQLContext(sc) //创建一个 SQLContext 对象
val people=sc.textFile("people.txt").map(lines=>lines.split(","))
val peopleRow=sc.map(p =>Row(p(0), p(1), (2))) //把 RDD 转化成 RDD(Row)类型
val schema=StructType(StructFile("id", IntegerType, true)::
                      StructFile("name", StringType, true)::
                      StructFile("age", IntegerType, true):: Nil)
val peopleInfo=sql.createDataFrame(peopleRow, schema) //peopleRow 的每一行的数
//据类型一定要与 schema 的一致，否则会报错，说类型无法匹配
//同时 peopleRow 每一行的长度也要和 schema 一致，否则也会报错
```

(3) 往数据库中写我们的数据

```
peopleInfo.registerTempTable("tempTable") //只有有了这个注册的表 tempTable, 我们
//才能通过 sql.sql(""" """)进行查询
```

//这个是在内存中注册一个临时表用户查询
sql. sql. sql(""" insert overwrite table tagetTable select id, name, age from tempTable
""". stripMargin)//这样就把数据写入到了数据库目标表 tagetTable 中

3. 通过 DataFrame 中的方法对数据进行操作

sparkSQL 非常强大，它提供了我们 sql 中的增删改查所有的功能，每一个功能都对应了一个实现此功能的方法。
（1）对 schema 的操作

val sql = new SQLContext(sc)
val people = sql. read. json("people. txt")//people 是一个 DataFrame 类型的对象

//数据读进来了，查看一下 schema
people. schema
//返回的类型 org. apache. spark. sql. types. StructType =
//StructType(StructField(age, LongType, true),
//StructField(id, LongType, true), StructField(name, StringType, true))

//以数组的形式分会 schema
people. dtypes
//返回的结果：
//Array[(String, String)] = Array((age, LongType), (id, LongType), (name, StringType))

//返回 schema 中的字段
people. columns
//返回的结果：
//Array[String] = Array(age, id, name)

//以 tree 的形式打印输出 schema
people. printSchema
//返回的结果：
//root
// |--age: long (nullable = true)
// |--id: long (nullable = true)
// |--name: string (nullable = true)

对表的操作，对表的操作语句一般情况下是不常用的，因为虽然 sparkSQL 把 sql 查的每一个功能都封装到了一个方法中,但是处理起来还是不怎么灵活一般情况下我们采用的是用 sql()方法直接来写 sql,这样比较实用,还更灵活,而且代码的可读性也是很高的。

(2)sparkSQL 的 join 操作

spark 的 join 操作就没有直接写 sql 的 join 操作来的灵活,在进行链接的时候,不能对两个表中的字段进行重新命名,这样就会出现同一张表中出现两个相同的字段。

- 内连接,等值链接,会把链接的列合并成一个列

```
val sql = new SQLContext(sc)
val pInfo = sql.read.json("people.txt")
val pSalar = sql.read.json("salary.txt")
val info_salary = pInfo.join(pSalar,"id")//单个字段进行内连接
val info_salary1 = pInfo.join(pSalar, Seq("id","name"))//多字段链接
```

- join 还支持左链接和右链接

```
//单字段链接
val left = pInfo.join(pSalar, pInfo("id") === pSalar("id"),"left_outer")
//多字段链接
val left2 = pInfo.join(pSalar, pInfo("id") === pSalar("id") and
                pInfo("name") === pSalar("name"),"left_outer")
```

(3)sparkSQL 的 agg 操作

其中 sparkSQL 的 agg 是 sparkSQL 聚合操作的一种表达式,当我们调用 agg 时,其一般情况下都是和 groupBy()的一起使用的。

```
val pSalar = new SQLContext(sc).read.json("salary.txt")
val group = pSalar.groupBy("name").agg("salary"->"avg")
val group2 = pSalar.groupBy("id","name").agg("salary"->"avg")
val group3 = pSalar.groupBy("name").agg(Map("id"->"avg","salary"->"max"))
```

使用 agg 时需要注意的是,同一个字段不能进行两次操作比如:agg(Map("salary"→"avg","salary"→"max"),它只会计算 max 的操作,原因很简单,agg 接入的参数是 Map 类型的 key-value 对,当 key 相同时,会覆盖掉之前的 value。同时还可以直接使用 agg,这样是对所有的行而言的。聚合所用的计算参数有:avg, max, min, sum, count,而不是只有例子中用到的 avg。

(4)sparkSQL 的 na 操作

sparkSQL 的 na 方法,返回的是一个 DataFrameFuctions 对象,此类主要是对 DataFrame 中值为 null 的行的操作,只提供三个方法,drop()删除行,fill()填充行,replace()代替行的操作。

4.2 Spark Streaming 流式计算框架

4.2.1 知识要点

1. Spark Streaming 简介

Spark Streaming 是构建在 Spark 上的实时流计算框架,扩展了 Spark 流式大数据处理能力。Spark Streaming 将数据流以时间片为单位分割形成 RDD,使用 RDD 操作处理每一块数据,每块数据(也就是 RDD)都会生成一个 Spark Job 进行处理,最终以批处理的方式处理每个时间片的数据,如图 4-3 所示。

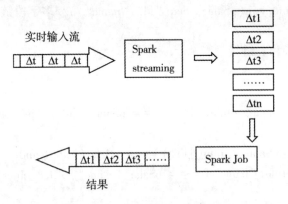

图 4-3 Spark Streaming 生成 Job

Spark Streaming 编程接口和 Spark 很相似。在 Spark 中,通过在 RDD 上进行 Transformation(如 map、filter 等)和 Action(如 count、collect 等)算子运算。在 SparkStreaming 中通过在 DStream(表示数据流的 RDD 序列)上进行算子运算。

2. Spark Streaming 架构

Spark Streaming 的整体架构如图 4-4 所示。

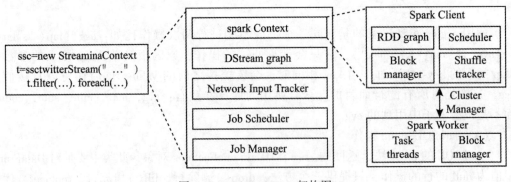

图 4-4 Spark Streaming 架构图

组件介绍如下：
- Network Input Tracker：接收流数据，并将流数据映射为输入 DStream。
- Job Scheduler：周期性地查询 DStream 图，通过输入的流数据生成 Spark Job，将 Spark Job 提交给 Job Manager 执行。
- JobManager：维护一个 Job 队列，将队列中的 Job 提交到 Spark 执行。

通过图 4-4 可以看到 Job Scheduler 负责作业调度，Taskscheduler 负责分发具体的任务，Block tracker 进行块管理。在从节点，如果是通过网络输入的流数据，则将数据存储两份进行容错。Input receiver 源源不断地接收输入流，Task execution 负责执行主节点分发的任务，Block manager 负责块管理。Spark Streaming 的整体架构和 Spark 很相近，很多思想是可以迁移理解的。

3. Spark Streaming 原理剖析

下面将通过一个 example 示例的源码呈现 Spark Streaming 的底层机制。示例及源码基于 Spark 1.5 版本，后续的发布版中可能会有更新。

(1) 初始化与集群上分布接收器

图 4-5 所示为 Spark Streaming 执行模型从中可看到数据接收及组件间的通信。

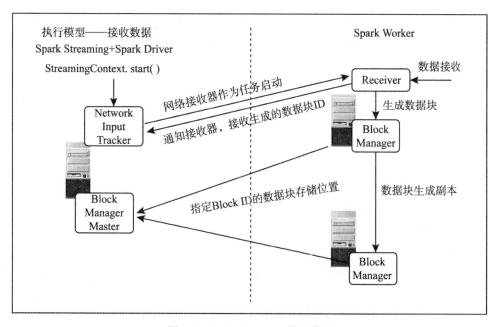

图 4-5　Spark Streaming 执行模型

初始化的过程主要可以概括为以下两点：
- 调度器的初始化。
- 将输入流的接收器转化为 RDD 在集群打散，然后启动接收器集合中的每个接收器。

下面通过具体的代码更深入地理解这个过程。

① 本例 NetworkWordCount 作为研究 Spark Streaming 的入口程序。

```java
public final class NetworkWordCount {
    private static final Pattern SPACE = Pattern.compile(" ");
    public static void main(String[] args) {
        if (args.length <2) {
            System.err.println("Usage: NetworkWordCount <hostname><port>");
            System.exit(1);
        }
        StreamingExamples.setStreamingLogLevels();
        // Create the context with a 1 second batch size
        SparkConf sparkConf = new SparkConf().setAppName("NetworkWordCount");
        /*创建StreamingContext对象,形成整个程序的上下文*/
        StreamingContext ssc = new JavaStreamingContext(sparkConf,
            Durations.seconds(1));
        /*通过socketTextStream接收源源不断的socket文本流*/
        JavaReceiverInputDStream<String> lines = ssc.socketTextStream(args[0],
            Integer.parseInt(args[1]), StorageLevels.MEMORY_AND_DISK_SER);
        JavaDStream<String> words = lines.flatMap(new FlatMapFunction<String,
            String>() {
            @Override
            public Iterable<String> call(String x) {
                return Lists.newArrayList(SPACE.split(x));
            }
        });
        JavaPairDStream<String, Integer> wordCounts = words.mapToPair(
            new PairFunction<String, String, Integer>() {
            @Override
            public Tuple2<String, Integer> call(String s) {
                return new Tuple2<String, Integer>(s, 1);
            }
        }).reduceByKey(new Function2<Integer, Integer, Integer>() {
            @Override
            public Integer call(Integer i1, Integer i2) {
                return i1+ i2;
            }
        });
        wordCounts.print();
        ssc.start();
```

```
    ssc.awaitTermination();
  }
}
```

② 进入 scoketTextStream

```
def socketTextStream(hostname: String, port: Int, storageLevel: StorageLevel =
  StorageLevel.MEMORY_AND_DISK_SER_2): ReceiverInputDStream[String] = {
  /*内部实际调用的 socketStream 方法*/
  socketStream[String](hostname, port, SocketReceiver.bytesToLines, storageLevel)
}
/*进入 socketStream 方法*/
def socketStream[T: ClassTag](hostname: String, port: Int, converter: (InputStream) =>
Iterator[T], storageLevel: StorageLevel): ReceiverInputDStream[T] = {
  /*此处初始化 SocketInputDStream 对象*/
  new SocketInputDStream[T](this, hostname, port, converter, storageLevel)
}
```

③ 初始化 SocketInputDStream

在之前的 Spark Streaming 介绍中，读者已经了解到整个 Spark Streaming 的调度灵魂就是 DStream 的 DAG，可以将这个 DStream DAG 类比 Spark 中的 RDD DAG，而 DStream 类比 RDD，DStream 可以理解为包含各个时间段的一个 RDD 集合。SocketInputDStream 就是一个 DStream。

```
private[streaming]
class SocketInputDStream[T: ClassTag](
@transient
ssc_: StreamingContext, host: String, port: Int,
bytesToObjects: InputStream => Iterator[T], storageLevel: StorageLevel
) extends ReceiverInputDStream[T](ssc_) {
  def getReceiver(): Receiver[T] = {
    new SocketReceiver(host, port, bytesToObjects, storageLevel)
  }
}
```

④ 触发 StreamingContext 中的 Start() 方法

上面的步骤基本完成了 Spark Streaming 的初始化工作。类似于 Spark 机制，SparkStreaming 也是延迟（Lazy）触发的，只有调用 start() 方法，才真正地执行了。

```
private[streaming] val scheduler = new JobScheduler(this)
/* StreamingContext 中维持着一个调度器 */ def start(): Unit = synchronized {
……
/* 启动调度器 */ scheduler.start()
……
```

⑤ JobScheduler.start() 启动调度器，在 start 方法中初始化了很多重要的组件。

```
def start(): Unit = synchronized {
……
/* 初始化事件处理 Actor, 当有消息传递给 Actor 时，调用 processEvent 进行事件处理 */
eventActor = ssc.env.actorSystem.actorOf(Props(new Actor {
  def receive = {
    case event: JobSchedulerEvent => processEvent(event)
  }
}),"JobScheduler")
/* 启动监听总线 */ listenerBus.start()
receiverTracker = new ReceiverTracker(ssc)
/* 启动接收器的监听器 receiverTracker */ receiverTracker.start()
/* 启动 job 生成器 */ jobGenerator.start()
……
}
```

⑥ ReceiverTracker 类
  /* 进入 ReceiverTracker 查看 */

```
private[streaming]
class ReceiverTracker(ssc: StreamingContext) extends Logging {
  val receiverInputStreams = ssc.graph.getReceiverInputStreams()
  def start() = synchronized {
    ……
    val receiverExecutor = new ReceiverLauncher()
    ……
    if (!receiverInputStreams.isEmpty) {
      /* 初始化 ReceiverTrackerActor */
      actor = ssc.env.actorSystem.actorOf(Props(new
        ReceiverTrackerActor),"ReceiverTracker")
```

```
        /*启动ReceiverLauncher()实例,(7)中进行介绍*/
        receiverExecutor.start()
        ……
    }
}
/*读者可以先参考ReceiverTrackerActor的代码查看实现注册Receiver和注册Block元数据信息的功能。*/
private class ReceiverTrackerActor extends Actor{
    def receive = {
        /*接收注册receiver的消息,每个receiver就是一个输入流接收器,Receiver分布在Worker节点,一个Receiver接收一个输入流,一个Spark Streaming集群可以有多个输入流*/
        case RegisterReceiver(streamId, typ, host, receiverActor) = >
            registerReceiver(streamId, typ, host, receiverActor, sender)
        sender ! true
        case AddBlock(receivedBlockInfo) = >
            addBlocks(receivedBlockInfo)
        ……
    }
}
```

⑦ receivelauncher类,在集群上分布式启动接收器

```
class ReceiverLauncher{
    ……
    @transient val thread = new Thread(){
        override def run(){
            ……
            /*启动ReceiverTrackerActor已经注册的Receiver*/
            startReceivers()
            ……
        }
}
```

(2)数据接收与转化

在"初始化与集群上分布接收器"中介绍了,receiver集合转换为RDD在集群上分布式地接收数据流。那么每个receiver是怎样接收并处理数据流的呢? Spark Streaming数据接收与转化的示意图如图4-6所示。

图4-6的主要流程如下。

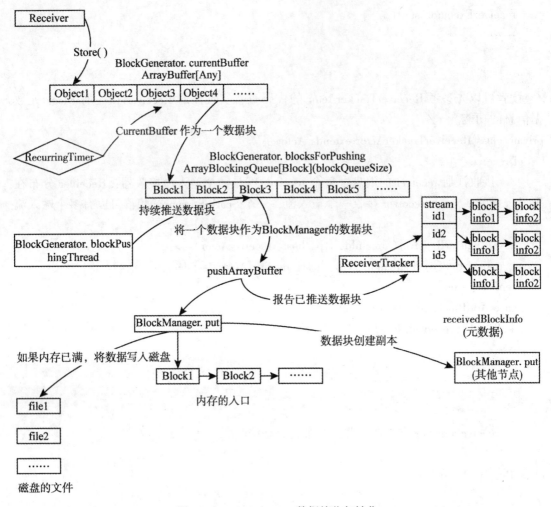

图 4-6 Spark Streaming 数据接收与转化

- 数据缓冲：在 Receiver 的 receive 函数中接收流数据，将接收到的数据源源不断地放入 BlockGenerator.currentBuffer。
- 缓冲数据转化为数据块：在 BlockGenerator 中有一个定时器（recurring timer），将当前缓冲区中的数据以用户定义的时间间隔封装为一个数据块 Block，放入 BlockGenerator 的 blocksForPush 队列中。
- 数据块转化为 Spark 数据块：在 BlockGenerator 中有一个 BlockPushingThread 线程，不断地将 blocksForPush 队列中的块传递给 Blockmanager，让 BlockManager 将数据存储为块。BlockManager 负责 Spark 中的块管理。
- 元数据存储：在 pushArrayBuffer 方法中还会将已经由 BlockManager 存储的元数据信息（如 Block 的 ID 号）传递给 ReceiverTracker，ReceiverTracker 将存储的 blockId 放到对应 StreamId 的队列中。

上面过程中涉及最多的类就是 BlockGenerator，在数据转化的过程中，其扮演着不可或缺的角色。

private[streaming] class BlockGenerator (
  listener：BlockGeneratorListener，
  receiverId：Int，
  conf：SparkConf
) extends Logging

（3）生成 RDD 与提交 Spark Job

Spark Streaming 根据时间段，将数据切分为 RDD，然后触发 RDD 的 Action 提交 Job，Job 被提交到 JobManager 中的 Job Queue 中，由 JobScheduler 调度，Job Scheduler 将 Job 提交到 Spark 的 Job 调度器，然后将 Job 转换为大量的任务分发给 Spark 集群执行。

如图 4-7 所示，Jobgenerator 中通过下面的方法生成 Job 调度和执行。

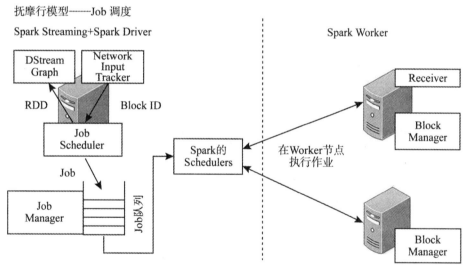

图 4-7　Spark Streaming 调度模型

4.2.2　案例实践

在互联网应用中，流数据处理是一种常用的应用模式，需要在不同粒度上对不同数据进行统计，保证实时性的同时，又需要涉及聚合（aggregation）、去重（distinct）、连接（join）等较为复杂的统计需求。如果使用 MapReduce 框架，虽然可以容易地实现较为复杂的统计需求，但实时性却无法得到保证；反之，若是采用 Storm 这样的流式框架，实时性虽可以得到保证，但需求的实现复杂度也大大提高了。Spark Streaming 在实时性与复杂统计需求之间的权衡中找到了一个平衡点，能够满足大多数用户的流计算需求。

本例将介绍如何使用 Spark 构建实时数据分析应用,以分析股票价格趋势。
- 第一步,需要获取数据流,本例使用 TCP 套接字输入数据流。
- 第二步,需要知道如何使用获取到的数据流,本例不涉及专业的金融知识,但可以在这个应用中通过价格改变规律,预测价格趋势。

1. 实例描述

本例通过 Netcat 终端使用 TCP 套接字输入数据流。(注:数据可随机输入)

- 输入为:股票名、历史价格和现时价格。

```
a 2 3
b 3 4
a 2 4
c 4 5
v 3 6
b 3 7
a 3 2
b 3 4
a 2 5
b 3 6
```

图 4-8

- 输出为:处于增长趋势的股票名称

```
Time:1451028105000 ms
-----------------------------------------
b
a
v
c
```

图 4-9

2. 设计思路

通过 Spark Streaming 的时间窗口,增加新数据,减少旧数据。本例中的 reduce 函数用于对所有价格改变求和(有正向的改变和负向的改变)。之后希望看到正向的价格改变数量是否大于负向的价格改变数量,这里通过改变正向数据将计数器加 1,改变负向的数据将计数器减 1 进行统计,从而统计出股票的趋势。

3. 示例代码

(1)需要在源程序中引入以下的文件

```
package ldl.spark.chapter3;
import org.apache.log4j.Level;
```

```
import org.apache.log4j.Logger;
import org.apache.spark.SparkConf;
import org.apache.spark.api.java.function.Function2;
import org.apache.spark.api.java.function.PairFunction;
import org.apache.spark.streaming.Duration;
import org.apache.spark.streaming.api.java.JavaDStream;
import org.apache.spark.streaming.api.java.JavaPairDStream;
import org.apache.spark.streaming.api.java.JavaReceiverInputDStream;
import org.apache.spark.streaming.api.java.JavaStreamingContext;
import scala.Tuple2;
```

(2) 接收流数据

为了在 Spark 中处理流数据,需要创建一个 StreamingContext 对象(Spark Streaming 中的上下文对象),作为流处理的上下文。之后注册一个输入流(InputDStream),它会初始化一个接收器(Receiver)对象(Spark 默认提供了许多类型的接收器,如 Twitter、AkkaActor、ZeroMQ 等)。

```
Logger.getLogger("org.apache.spark").setLevel(Level.WARN);
Logger.getLogger("org.eclipse.jetty.server").setLevel(Level.OFF);
SparkConf sparkConf = new SparkConf().setAppName("Share").setMaster("local[2]");
@SuppressWarnings("resource")
JavaStreamingContext jssc = new JavaStreamingContext(
    sparkConf, new Duration(15000));
jssc.checkpoint(".");
JavaReceiverInputDStream<String> lines = jssc.socketTextStream("localhost", 9999);
```

(3) 处理数据流

通过上文的初始化和数据接收,已经可以源源不断地获取数据了。下面介绍如何处理和分析数据。

下面程序可将数据转化为类股,改变价格和频度的序列。第一次处理时,将每个数据项转化为(类股,(价格改变,1))的元组。通过下面的代码完成这个过程。

```
JavaPairDStream<String, Tuple2<Double, Double>> shares = lines.mapToPair(
  new PairFunction<String, String, Tuple2<Double, Double>>() {
    @Override
    public Tuple2<String, Tuple2<Double, Double>> call(String s) throws Exception {
      String[] array = s.split(" ");
      return new Tuple2<String, Tuple2<Double, Double>>(array[0],
```

```
new Tuple2<Double, Double>(
        Double.parseDouble(array[1]), Double.parseDouble(array[2])));
    }
});
JavaPairDStream<String, Tuple2<Double, Integer>> change = shares.mapToPair(
  new PairFunction<Tuple2<String, Tuple2<Double, Double>>, String,
  Tuple2<Double, Integer>>() {
    @Override
public Tuple2<String, Tuple2<Double, Integer>> call(Tuple2<String,
Tuple2<Double, Double>> f) throws Exception {
      Integer i = 1;
      Double bian = f._2()._2() - f._2()._1();
      return new Tuple2<String, Tuple2<Double, Integer>>(f._1(),
        new Tuple2<Double, Integer>(bian, i));
    }
});
```

现在就可以使用 reduceByKeyAndWindow 函数了,这个函数允许用户使用滑动窗口处理数据,时间窗口内的数据将会使用 reduce 函数处理,使用 Key-Value 对中的 Key 作为 reduce 的关键字,这里将使用一个 reduce 函数和反向 reduce 函数。

这样每次在时间窗口内迭代时,Spark 都对新数据进行 reduce 处理,需要丢弃的旧数据不再使用 reduce 处理。

Spark 需要做的就是撤销之前最左侧旧数据对整个 reduce 数据结果的改变,增加右侧新的 reduce 数据对整个 reduce 数据结果产生新的改变。

需要写一个 reduce 和 inverse reduce 函数。在本例中,reduce 函数用于对所有价格改变求和(有正向的改变和负向的改变)。为了看到正向的价格改变数量大于负向的价格改变数量,这里可以通过改变正向数据,将计数器加 1,改变负向的数据,将计数器减 1 达到这个效果。代码如下。

```
Function2<Tuple2<Double, Integer>, Tuple2<Double, Integer>, Tuple2<Double,
  Integer>> reduceFunc = new Function2<Tuple2<Double, Integer>, Tuple2<Double,
  Integer>, Tuple2<Double, Integer>>() {
    @Override
    public Tuple2<Double, Integer> call(Tuple2<Double, Integer> reduced,
      Tuple2<Double, Integer> pair) throws Exception {
      double d;
      int i;
```

```
      if(pair._1()>0){
        d = reduced._1()+ pair._1();
        i=reduced._2()+ pair._2();}
      else{
        d = reduced._1()+ pair._1();
        i=reduced._2()- pair._2();}
      return new Tuple2<Double, Integer>(d, i);
    }
  };
Function2<Tuple2<Double, Integer>, Tuple2<Double, Integer>, Tuple2<Double,
  Integer>> invReduceFunc = new Function2<Tuple2<Double, Integer>,
  Tuple2<Double, Integer>, Tuple2<Double, Integer>>(){
    @Override
    public Tuple2<Double, Integer> call(Tuple2<Double, Integer> reduced,
      Tuple2<Double, Integer> pair) throws Exception {
      double d;
      int i;
      if(pair._1()>0){
        d = reduced._1()+ pair._1();
        i=reduced._2()- pair._2();
      }else{
        d = reduced._1()+ pair._1();
        i=reduced._2()+ pair._2();}
      return new Tuple2<Double, Integer>(d, i);
    }
  };
JavaPairDStream<String, Tuple2<Double, Integer>> reduce =
  change.reduceByKeyAndWindow(reduceFunc, invReduceFunc,
  new Duration(5 * 60000), new Duration(15000));
```

现在通过上文介绍的函数，已经可以构建一个 reduce 流处理应用，这个应用能够感知价格波动和趋势。由于只希望呈现出正向波动最剧烈的一些类股。可以过滤流数据，保留下正向波动的类股，然后将数据元组 Key-Value 的 Key 改变为可以排序，统计出波动最大的类股的属性。本例假设正向波动剧烈与否的权重为价格改变大小乘以价格改变计数器值，将 Value 中的两个值组合计算出的结果作为新的 Key。最后，将数据按照新的 Key 打印出最大的 5 个类股。

JavaPairDStream<String, Tuple2<Double, Integer>> rise=reduce.filter(f->f._2()._2()>0);
JavaPairDStream<Double, String> sector=rise.mapToPair(
  new PairFunction<Tuple2<String, Tuple2<Double, Integer>>, Double, String>() {
    @Override
public Tuple2<Double, String> call(Tuple2<String, Tuple2<
  Double, Integer>> f) throws Exception {
      return new Tuple2<Double, String>(f._2()._1() * f._2()._2(), f._1());
    }
});
JavaDStream<String> sort=sector.transform(rdd->rdd.sortByKey(false).map(f->f._2()));
sort.print();
jssc.start();
jssc.awaitTermination();

4. 运行程序

(1) 建立工程

可以按照 2.2 节中步骤建立工程,并在目录/usr/jar/下生成可执行 jar 包 StockPrediction.jar。

(2) 在终端中执行以下命令

nc-l9999

(3) 打开一个新的终端,在 Spark 安装根目录下,执行如下命令

bin/spark-submit-master spark://localhost:7077 /usr/jar/StockPrediction.jar

(4) 在 Netcat 终端输入以下数据:

图 4-10

(5) 命令执行终端结果显示如下

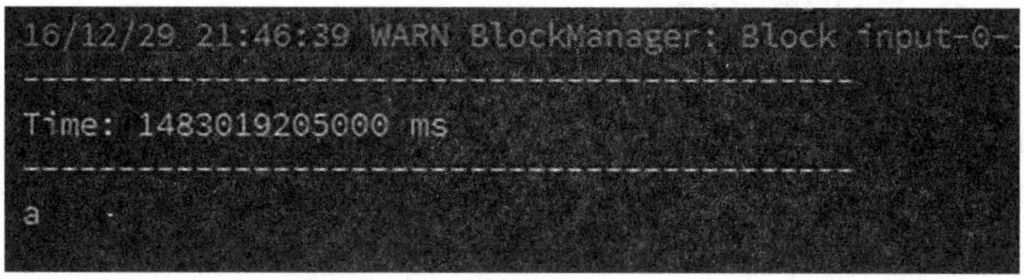

图 4-11

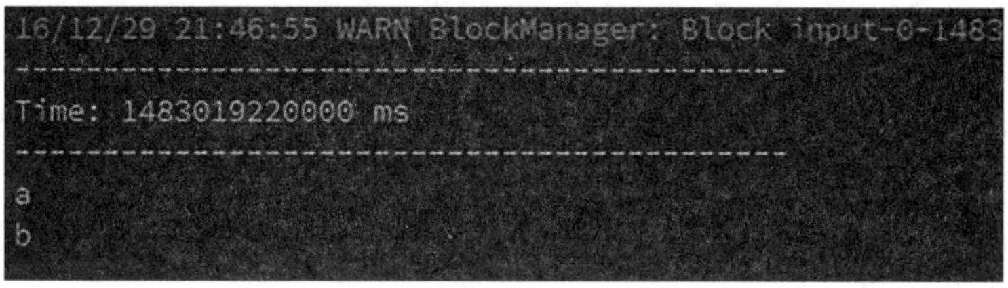

图 4-12

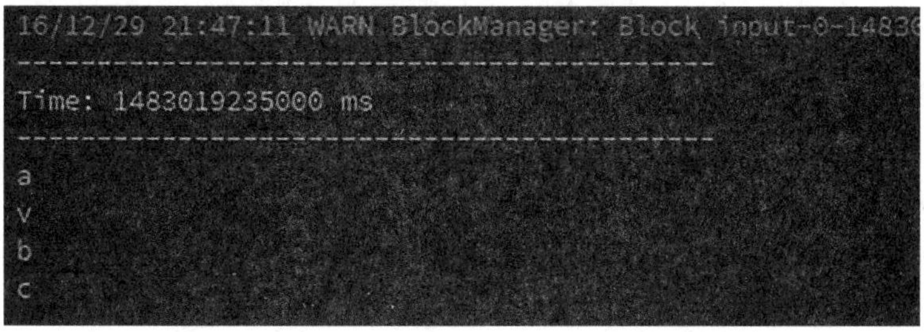

图 4-13

图 4-14

学生可以通过这个示例，开发自己的流数据分析应用。数据源可以是爬虫抓取的数据，也可以是消息中间件输出的数据等待。

4.3 GraphX 图计算框架

Graphx 是 Spark 中的一个重要子项目,它利用 Spark 为计算引擎,实现了大规模图计算的功能,并提供了类似 Pregel 的编程接口。GraphX 的出现,使 Spark 生态系统更加完善和丰富,同时其与 Spark 生态系统其他组件很好的融合,以及强大的图数据处理能力,使其在工业界得到了广泛的应用。本节主要介绍 GraphX 的架构、原理和使用方式。

4.3.1 知识要点

1. GraphX 简介

GraphX 是常用图算法在 Spark 上的并行化实现,提供了丰富的 API 接口。图算法是很多复杂机器学习算法的基础,在单机环境下有很多应用案例。在大数据环境下,图的规模大到一定程度后,单机很难解决大规模的图计算,需要将算法并行化,在分布式集群上进行大规模图处理。目前,比较成熟的方案 GraphX 和 GraphLab 等大规模图计算框架。图 4-15 为 GraphX 发展史简图。

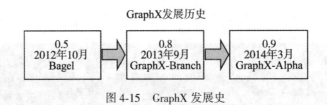

图 4-15 GraphX 发展史

GraphX 的特点是离线计算、批量处理、基于同步的整体同步并行计算模型(即 BSP 计算模型),这样的优势在于可以提升数据处理的吞吐量和规模,但是会造成速度上稍逊一筹。目前大规模图处理框架还有基于 MPI 模型的异步图计算模型 GraphLab 和同样基于 BSP 模型的 Giraph 等。

现在和 GraphX 可以组合使用的分布式图数据库是 Neo4J 和 Titan。Neo4j 是一个高性能的、非关系的、具有完全事务特性的、鲁棒的图数据库。Tita 是一个分布式的图形数据库,特别为存储和处理大规模图形而优化。二者均可作为 GraphX 的持久化层,存储大规模图数据。

2. GraphX 的使用

类似 Spark 在 RDD 上提供了一组基本操作符(如 map、filter、reduce),GraphX 同样也有针对 Graph 的基本操作符,用户可以在这些操作符传入自定义函数和通过修改图的节点属性或结构生成新的图。

GraphX 提供了丰富的针对图数据的操作符。Graph 类中定义了核心的、优化过的操作符。一些更加方便的由底层核心操作符组合而成的上层操作符在 GraphOps 中定义。正是通过 Scala 语言的 implicit 关键字,GraphOps 中定义的操作符可以作为 Graph 中的成员。这样做的目的是未来 GrpahX 会支持不同类型的图,而每种类型图的呈现必须实现核心的操作符和复用大部分 GrpahOps 中实现的操作符。

下面将操作符分为几个类别进行介绍

（1）属性操作符

表 4-1　　　　　　　　　　　　　　　　属性操作符

属性操作符	说　　明
mapVertices[VD2]（map：（VertexId，VD）=>VD2）：Graph[VD2，ED]	使用 map 函数对图中所有顶点进行转换操作
mapEdges[ED2]（map：Edge[ED]=>ED2）：Graph[VD，ED2]	使用 map 函数对图中所有边属性进行转换操作
mapTriplets[ED2]（map：EdgeTriplet[VD，ED]=>ED2）：Graph[VD，ED2]	可以对边中的顶点属性或者边属性进行 map 函数转换操作

（2）结构操作符

表 4-2　　　　　　　　　　　　　　　　结构操作符

结构操作符	说　　明
reverse：Graph[VD，ED]	反转图中所有边的方向
subgraph（epred：EdgeTriplet[VD，ED]=>Boolean，vpred（VertexId，VD）=>Boolean）：Graph[VD，ED]	获取图中顶点和边满足函数条件的子图
mask[VD2，ED2]（other：Graph[VD2，ED2]）：Graph[VD，ED]	将图中包含在 other 图中的顶点和边保留，顶点和包属性不变
groupEdges（merge：（ED，ED）=>ED）：Graph[VD，ED]	将两个顶点的多条边合并为一条边

（3）图信息属性

表 4-3　　　　　　　　　　　　　　　　图信息属性

图信息属性	说　　明
val numEdges：Long	图中边的数量
val numVertices：Long	图中顶点的数量
val inDegrees：VertexRDD[Int]	inDegrees：图中入度数量
valoutDegrees：VertexRDD[Int]	outDegrees：图中出度数量
val degrees：VertexRDD[Int]	degrees：图中度的总数量

(4) 邻接聚集操作符与 Join 操作符

表 4-4 邻接聚集操作符与 Join 操作符

邻接聚集操作符与 Join 操作符	说明
mapReduceTriplets[A](map: EdgeTriplet[VD, ED] => Iterator[(VertexId, A)], reduce: (A, A)=>A): VertexRDD[A]	函数的作用是对每个顶点进行聚集操作函数中的 map 函数将三元组数据映射为目的节点为 Key 的 Key-Value 对，reduce 函数将同一个顶点的数据汇聚形成入度数，作为新图的顶点属性
joinVertices[U](table: RDD[(VertexId, U)])(map: (VertexId, VD, U)=> VD): Graph[VD, ED]	将图中顶点和另一个 RDD 连接（其 VertexId 为 Key），并将连接后的数据项进行 map 函数运算
outerJoinVertices[U, VD2](other: RDD[(VertexId, U)])(map: (VertexId, VD, Option[U])=> VD2): Graph[VD2, ED]	类似上面的 joinVertices，但是输入的 tableRDD 应该保证有对应 graph 的所有 VertexId，如果没有，则 map 函数的输入为 None

(5) 缓存操作符

表 4-5 缓存操作符

缓存操作符	说明
def cache(): Graph[VD, ED]	缓存图中的顶点和边
def persist(newLevel. MEMORY_ONLY): Graph[VD, ED]	用户可以指定存储级别来缓存图的顶点和边
unpersistVertices(blocking: Boolean=true): Graph[VD, ED]	不再缓存顶点，但保留边数据

(6) Pregel API

Pregel 基于 BSP 模型，提供了 3 个重要的需要用户书写的函数。通过官方 PageRank 算法进一步理解这 3 个函数的使用。

```
def run[VD: ClassTag, ED: ClassTag](
  graph: Graph[VD, ED], numIter: Int, resetProb: Double =0.15):
Graph[Double, Double] = {
    val pagerankGraph:   Graph[Double,   Double] = graph
/*将节点的度与图中节点关联*/
```

```
.outerJoinVertices(graph.outDegrees){
    (vid,vdata,deg)=>deg.getOrElse(0)
}
/*根据度设置边的权重*/
.mapTriplets(e =>1.0/ e.srcAttr)
/*设置节点属性为PageRank算法初始值*/
.mapVertices((id,   attr)=>1.0)
def vertexProgram(id：VertexId,attr：Double,msgSum：Double)：
    Double = resetProb +(1.0- resetProb) * msgSum
def sendMessage(id：VertexId, edge：EdgeTriplet[Double,Double])：
    Iterator [(VertexId,   Double)]=Iterator((edge.dstId,   edge.srcAttr * edge.attr))
def messageCombiner(a：Double, b：Double)：Double = a + b val initialMessage =0.0
/*以固定迭代次数执行Pregel*/
Pregel(pagerankGraph, initialMessage, numIter)(vertexProgram, sendMessage,
    messageCombiner)
}
```

3. Graphx 架构

(1)整体架构：GraphX 的整体架构可以分为以下 3 部分，如图 4-16 所示。

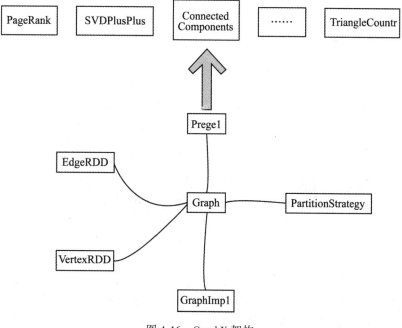

图 4-16 GraphX 架构

- 存储和原语层：Graph 类是图计算的核心类，内部含有 VertexRDD、EdgeRDD 和 RDD [EdgeTriplet]引用。GraphImpl 是 Graph 类的子类，实现了图操作。
- 接口层：在底层 RDD 的基础之上实现了 Pregel 模型、BSP 模式的计算接口。
- 算法层：基于 Pregel 接口实现了常用的图算法。包括：PageRank、SVDPlusPlus、TriangleCount、ConnectedComponents、StronglyConnectedConponents 等算法。

（2）存储结构

在正式的工业级应用中，图的规模极大，上百万个节点经常出现。为了提高处理速度和数据量，希望能够将图以分布式的方式来存储、处理图数据。图的分布式存储大致有两种方式：边分割（edge cut）和点分割（vertex cut），如图 4-17 所示。最早期的图计算的框架中，使用的是边分割存储方式，而 GraphX 的设计者考虑到真实世界中的大规模图典型地是边多于点的图，所以采用点分割方式存储。点分割能够减少网络传输和存储开销。底层实现是将边放到各个节点存储，而在数据交换时，将点在各个机器之间广播进行传输。对边进行分区和存储的算法主要基于 PartitionStrategy 中封装的分区方法。其中的几种分区方法分别是对不同应用情景的权衡，用户可以根据具体的需求，在程序中指定边的分区方式。例如：

val g = Graph(vertices, partitionBy(edges, PartitionStrategy.EdgePartition2D))

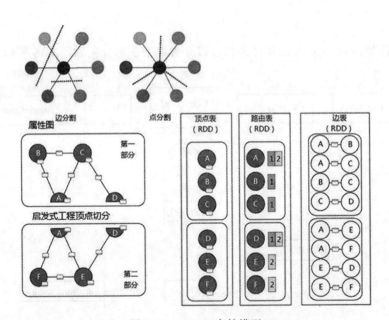

图 4-17 GraphX 存储模型

一旦边已经在集群上分区和存储，大规模并行图计算的关键挑战就变成了如何将点的属性连接到边。GraphX 的处理方式是在集群上移动传播点的属性数据。由于不是每个分区都需要所有点的属性（因为每个分区只是一部分边），GraphX 内部维持一个路由表（routing table），这样当需要广播点到需要这个点的边的所在分区时，就可以通过路由表映射，将需要的点属性传输到指定的边分区。

点分割的好处是在边的存储上没有冗余数据，而且对于某个点与其邻居的交互操作，只要满足交换律和结合律即可。例如，求顶点的邻接顶点权重的和，可以在不同的节点进行并行运算，最后汇总每个节点的运行结果，网络开销较小。代价是每个顶点属性可能要冗余存储多份，需要更新点数据时，要有数据同步开销。

(3) 使用技巧

采样观察可以通过不同的采样比例，先从小数据量进行计算，观察效果，调整参数，再逐步增加数据量进行大规模的运算。可以通过 RDD 的 sample 方法采样，通过 Web UI 观察集群的资源消耗。

- 内存释放：保留旧图对象的引用，并尽快释放不使用的图的顶点属性，节省空间占用。通过方法 unPersistVertices 释放顶点。
- 调试：在各个时间点可以通过 graph. vertices. count( ) 进行调试，观测图现有状态，进行问题诊断和调优。

4.3.2 案例实践

上文介绍了 GraphX 的组件和 API，接下来使用 Spark Shell 向大家介绍 GraphX。

1. 开始

- 启动 Spark Shell。在 Spark 根目录下，执行如下命令（首先需要启动 hadoop 以及 spark）：

./bin/spark-shell

- 下面的命令都是在 spark-shell 中输入的，引入需要的标准包。

import org. apache. spark. graphx. _
import org. apache. spark. rdd. RDD

2. 利用顶点和边的数组创建属性图

属性图是一个有向多重图（一个有向图，可能有多个平行边共享相同的源和目标顶点）属性附加到每个顶点和边。每个顶点是由独特的 64 位长键标识符（VertexID）标识。同样，边有相应的源和目标顶点标识符。属性是存储为对象图中每条边和顶点。

我们将使用以下有趣的属性图。虽然这不是大数据，但是它可以使我们更容易了解图数据模型和 GraphX API。在这个例子中，我们有一个小的社交网络与用户和他们的年龄建模为顶点，喜欢建模为定向边缘。

- 使用如下代码创建点数组和边数组。

val vertexArray = Array ((1L, ("Alice", 28)),
                         (2L, ("Bob", 27)),
                         (3L, ("Charlie", 65)),

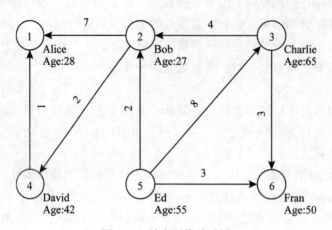

图 4-18 社交网络关系图

```
            (4L, ("David", 42)),
            (5L, ("Ed", 55)),
            (6L, ("Fran", 50))
          )
val edgeArray = Array( Edge(2L, 1L, 7),
                       Edge(2L, 4L, 2),
                       Edge(3L, 2L, 4),
                       Edge(3L, 6L, 3),
                       Edge(4L, 1L, 1),
                       Edge(5L, 2L, 2),
                       Edge(5L, 3L, 8),
                     )
```

这里,我们使用了一个 Edge 类,Edge 包含有 srcID(源)和 dstID(边)两个属性,而且,Edge 类有一个 attr 成员,attr 存储有边属性(在示例中即是指 likes 的数目)。

3. 将数组转化为 RDD,并构造图

```
val vertexRDD: RDD[(Long, (String, Int))] = sc.parallelize(vertexArray)
val edgeRDD: RDD[Edge[Int]] = sc.parallelize(edgeArray)
```

接下来我们可以利用 vertexRDD 和 edgeRDD 构造 graph,执行如下命令:

```
val graph: Graph[(String, Int), Int] = Graph(vertexRDD, edgeRDD)
```

此图的顶点属性是一个二元组（String，Int），分布对应用户名和年龄，边属性值有一个 Int，对应于在社交网络中喜欢的数目。

4. 找出图中年龄大于 30 的顶点

```
graph.vertices.filter{case(id,(name,age))=> age >30}
.collect
.foreach{
    case(id,(name,age))=> println(s"$name is $age")
}
```

结果显示如下：

```
scala> graph.vertices.filter{case(id,(name,age))=>age>30}.collect.foreach{
     | case(id,(name,age))=>println(s"$name is $age")
     | }
David is 42
Fran is 50
Charlie is 65
Ed is 55
```

5. 找出图中属性大于 5 的边

EdgeTriplet 类通过添加 srcAttr 和 dstAttr 成员扩展了 Edge 类，如图 4-19 所示。

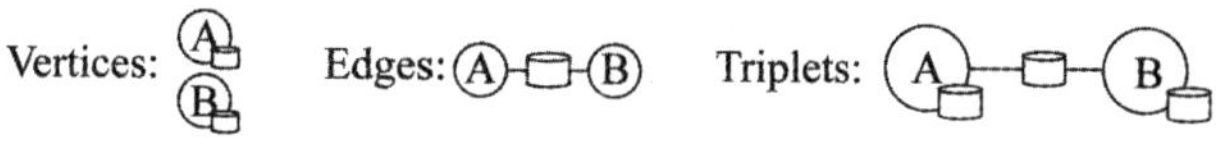

Vertices: Ⓐ Edges: Ⓐ—Ⓑ Triplets: Ⓐ—Ⓑ
　　　　　Ⓑ

图 4-19　图属性关系图

```
for(triplet <- graph.triplets.collect){
    println(s"${triplet.srcAttr._1} likes ${triplet.dstAttr._1}")
}
```

结果显示如下：

```
scala> for(triplet<-graph.triplets.collect){
     | println(s"${triplet.srcAttr._1} like ${triplet.dstAttr._1}")
     | }
Bob like Alice
Bob like David
Charlie like Bob
Charlie like Fran
David like Alice
Ed like Bob
Ed like Charlie
Ed like Fran
```

4.4 Spark MLlib 机器学习库

MLlib 是构建在 Spark 上的分布式机器学习库，充分利用了 Spark 的内存计算和适合迭代型计算的优势，使性能大幅度提升，同时 Spark 算子丰富的表现力，让大规模机器学习的算法开发不再复杂。

4.4.1 知识要点

1. MLlib 简介

MLlib 是一些常用的机器学习算法和库在 Spark 平台上的实现，是 AMPLab 的在研机器学习项目 MLBase 的底层组件。MLBase 是一个机器学习平台，MLI 是一个接口层，提供很多结构，MLlib 是底层算法实现层。三者关系如图 4-20 所示。

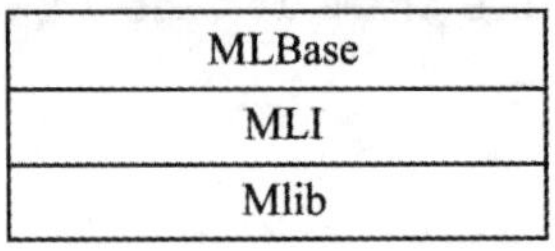

图 4-20 MLBase

MLlib 在 Spark1.0 中包含分类与回归、聚类、协同过滤、数据降维组件以及底层的优化库。通过图 4-21，读者可以对 MLlib 的整体组件和依赖库有宏观的把握。

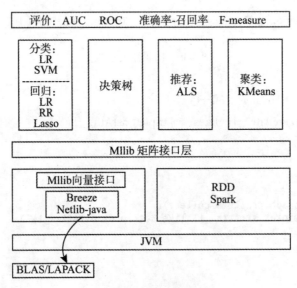

图 4-21 MLlib 组件

下面简要介绍图 4-21 中，读者可能不太熟悉的底层组件。

- BLAS/LAPACK 层：LAPACK 是用 Fortran 编写的算法库，顾名思义，Linear AlgebraPACKage 是为了解决通用的线性代数问题的。另外必须要提的算法包是 BLAS（Basic Linear AlgebraSubprograms），其实 LAPACK 底层使用了 BLAS 库。不少计算机厂商都提供了针对不同处理器进行了优化的 BLAS/LAPACK 算法包。
- Netlib-java：是一个对底层 BLAS、LAPACK 封装的 Java 接口层。
- Breeze：是一个 Scala 编写的数值处理库，提供向量、矩阵运算等 API。
- 库依赖：MLlib 底层使用了 Scala 编写的线性代数库 Breeze，Breeze 底层依赖 netlib-java 库。netlib-java 底层依赖原生的 Fortran routines。因此，当用户使用时，需要在节点上预先安装 gfortranruntimelibrary。由于许可证（license）问题，官方的 MLlib 依赖集中没有引入 netlib-java 原生库的依赖。如果运行时环境没有可用原生库，就会看到警告信息。

2. MLlib 的数据存储

MLlib 支持存储在本地的向量和矩阵，也提供分布式的矩阵（底层实现是一个或多个 RDD）。在目前发布版本的实现中，本地的向量和矩阵数据模型提供公共服务接口，基础的线性代数操作是基于 Breeze 和 jblas 库的。在 MLlib 监督学习中的一个训练样例叫做"标记向量"（labeled point）。

（1）本地向量或矩阵
- 本地向量

一个本地向量内的数据类型为 double，并且数组序号是从 0 开始（0-based indices）的整数类型。本地向量存储在单机中。MLlib 支持两种类型的本地向量：稠密向量和稀疏向量。稠密向量的底层实现是一个 double 型的数组存储向量每个元素的值，一个稀疏向量的底层实现是两个并行的数组，一个数组存储向量的序号，一个存储向量元素值。例如，向量（1.0，0.0，3.0）在稠密向量的存储是［1.0，0.0，3.0］，而在稀疏矩阵中的存储是（3，［0，2］，［1.0，3.0］）。这里的 3 代表向量的维数。如图 4-22 所示为两种向量存储模式。

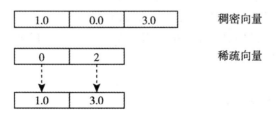

图 4-22　稠密向量与稀疏向量存储

本地向量的基本类是 Vector 类，官方提供了 Vector 类的两种实现：稠密向量（dense vector）和稀疏向量（sparse vector）。官方推荐使用 Vectors 类中提供的工厂模式的方法创建本地向量。

下面看官方的向量创建例子

```
import org.apache.spark.mllib.linalg.Vector;
import org.apache.spark.mllib.linalg.Vectors;
//创建一个密集向量(1.0, 0.0, 3.0)
Vector dv = Vectors.dense(1.0, 0.0, 3.0);
//创建一个稀疏向量(1.0, 0.0, 3.0)
Vector sv = Vectors.sparse(3, new int[]{0, 2}, new double[]{1.0, 3.0})
```

注意：由于 Java 默认情况下引入了 import scala.collection.immutable.Vector 库，所以需要引入 import org.apache.spark.mllib.linalg.Vector 库区显式使用 MLlib 内的向量。
- 标记向量

一个标记向量(labeled point)是一个本地向量，可以是稠密向量，也可以是稀疏向量，并和一个标记(label)相关联。在 MLlib 中，标记在监督学习的算法(如分类和回归算法)中使用。在标记向量中使用一个 Double 类型数据存储标记，即可在回归和分类中都可以使用标记向量。对于二元分类来说，label 可以为 0(代表 negative)或者 1(代表 positive)。对于多元分类问题，标记可以使用从 0 开始的序号：0, 1, 2……

一个标记向量可以使用 case 类 LabeledPoint 来存储和呈现。

```
import org.apache.spark.mllib.linalg.Vectors;
import org.apache.spark.mllib.regression.LabeledPoint;
/*创建一个有正标记和稠密特征向量的标记点*/
LabeledPoint pos = new LabeledPoint(1.0, Vectors.dense(1.0, 0.0, 3.0));
/*创建一个有负标记和稀疏特征向量的标记点*/
LabeledPoint neg = new LabeledPoint(0.0, Vectors.sparse(3, new int[]{0, 2}, new double[]{1.0, 3.0}));
```

- 稀疏数据常见的情况是使用稀疏数据训练模型

下面介绍稀疏数据格式。MLlib 支持读取 LIBSVM 格式(一种文本格式)的训练数据，这种数据默认被 LIBSVM 和 LIBLINEAR 使用。文件的每一行代表一个被标记的稀疏特征向量，它的格式请参考：

label index1: value1 index2: value2…

默认序号索引是从 1 开始并且是升序的，加载之后，特征的序号被转换为从 0 开始。可以使用 MLUtils.loadLibSVMFile 方法读取存储为 LIBSVM 格式的训练数据。

```
import org.apache.spark.mllib.regression.LabeledPoint;
import org.apache.spark.mllib.util.MLUtils;
import org.apache.spark.api.java.JavaRDD;
```

```
JavaRDD<LabeledPoint> examples =
MLUtils.loadLibSVMFile(sc, "mllib/data/sample_libsvm_data.txt").toJavaRDD();
```

- 本地矩阵

一个本地矩阵也存储 double 型的数据，使用整型的行号和列号。MLlib 支持稠密矩阵，稠密矩阵的值存储在一个单独的 double 数组中，以列序为主序存储。例如，下面的矩阵

(1.0 2.0)
(3.0 4.0)
(5.0 6.0)

底层存储是以一维数组中存储数据(如[1.0, 3.0, 5.0, 2.0, 4.0, 6.0])和存储矩阵的行列大小，如(3, 2)。在 Spark 1.0 只提供稠密矩阵，官方将在下一个版本提供稀疏矩阵的实现。本地矩阵的基本类是 Matrix，官方目前提供了一种实现：DenseMatrix。官方推荐使用 Matrices 类中的工厂方法来创建本地矩阵。

```
import org.apache.spark.mllib.linalg.Matrix;
import org.apache.spark.mllib.linalg.Matrices;
/*创建一个密集矩阵((1.0, 2.0), (3.0, 4.0), (5.0, 6.0))*/
Matrix dm = Matrices.dense(3, 2, new double[]{1.0, 3.0, 5.0, 2.0, 4.0, 6.0});
/*创建一个稀疏矩阵((9.0, 0.0), (0.0, 8.0), (0.0, 6.0))
Matrix sm = Matrices.sparse(3, 2, new int[]{0, 1, 3}, new int[]{0, 2, 1}, new double[]{9, 6, 8});
```

(2) 分布式矩阵

一个分布式的矩阵存储的是 double 类型的数据，底层采用一个或者多个 RDD 存储，行列序号采用 long 型存储。存储分布式大数据量矩阵的关键问题是选取正确的数据格式。将一个分布式矩阵转换为另一种不同的格式需要一个全局的 Shuffle 操作。在分布式环境下，Shuffle 开销很大。官方已经实现了 3 种类型的分布式矩阵，将会在未来提供更多类型矩阵的实现。分布式矩阵的基本类型是 RowMatrix。

一个 RowMatrix 是一个面向行的分布式矩阵。例如，一个特征向量集合的底层实现是一个 RDD，RDD 的每个元素是一个本地特征向量。在这种情况下，对 RowMatrix 来说是假设用户的特征矩阵维数不高。一个 IndexedRowMatrix 和 RowMatrix 相似，但是会存储行的序号，行序号可以确定行以及有助于进行连接操作。一个 CoordinateMatrix 是一个分布式矩阵以 coordinate list(COO)格式存储，底层也是以存储它的数据项的一个 RDD 实现的。

- 行矩阵

一个行矩阵是面向行存储的分布式矩阵，底层是一个以本地行向量为数据项的一个

RDD。由于每个行是一个本地向量,以 long 型为行序号,所以向量的维数会受数据类型范围限制,但在实际情况下,向量维数会小于这个范围。一个 RowMatrix 可以从 RDD[Vector]实例创建,然后可以计算行列来统计数据。

import org. apache. spark. api. java. JavaRDD;
import org. apache. spark. mllib. linalg. Vector;
import org. apache. spark. mllib. linalg. distributed. RowMatrix;
JavaRDD<Vector[]> rows =...// an RDD of local vectors
/* 通过 RDD[Vector]创建一个行矩阵 */
RowMatrix mat = new RowMatrix(rows. rdd());
/* 获取矩阵大小 */
long m = mat. numRows(); long n = mat. numCols();
/* QR 分解 */
QRDecomposition<RowMatrix, Matrix> result = mat. tallSkinnyQR(true);

- 行索引矩阵

  一个行索引矩阵(indexed Row matrix)的底层实现是一个带行索引的 RDD,这个 RDD 每行是一个长整型的索引和本地向量。一个行索引矩阵可以通过 RDD[IndexedRow]的 RDD 创建,一个 indexed row 是一个元组(Long, Vector)的封装,Long 代表索引,Vector 代表本地向量。一个 indexed row matrix 通过消除行索引可以转换为 row matrix。

- 坐标矩阵

  坐标矩阵(coordinate matrix)是一个分布式矩阵,其底层实现也是使用一个 RDD 存储它的数据项。每个数据项是一个元组(i: Long, j: Long, value: Double),其中,i 是行序号索引,j 是列序号索引,value 是数据项的值。一个坐标矩阵适用于矩阵的行列维度都很大,但矩阵数据很稀疏的情况。

  一个坐标矩阵可以从 RDD[MatrixEntry]实例创建,matrix entry 是一个(Long, Long, Double)的封装。一个 coordinate matrix 可以通过调用方法 toIndexedRowMatrix 被转换成含有稀疏行的 index row matrix。

3. 数据转换为向量(向量空间模型 VSM)

因为机器学习的本质主要是进行矩阵运算,所以在特定的应用领域,需要用户建模,并将领域数据转化为向量或矩阵形式。下面介绍文本处理中的一个常用模型:向量空间模型(VSM)。

向量空间模型将文档映射为一个特征向 $V(d) = (t1, \omega1(d); \cdots; tn, \omega n(d))$,其中 $ti(i=1, 2, \cdots, n)$ 为一列互不雷同的词条项,$\omega i(d)$ 为 ti 在 d 中的权值,一般被定义为 ti 在 d 中出现频率 tfi(d) 的函数,即 $\omega i(d) = \psi(tfi(d))$。

在信息检索中,TF-IDF 函数 ψ-tfi(d)× 是常用的词条权值计算方法,其中 N 为所有文档的数目,ni 为含有词条 ti 的文档数目。TF-IDF 公式有很多变种,以下是一个常用的 TF-IDF 公式。

$$\omega_i(d) = \frac{tf_i \log^{(\frac{N}{n_j}+0.1)}}{\sqrt{\sum_{n-1}^{n}(tf_i(d))^2 \times \log^{(\frac{N}{n_j}+0.1)^2}}}$$

根据 TF-IDF 公式，文档集中包含某一词条的文档越多，说明该文档区分文档类别属性的能力越低，其权值越小；另一方面，某一文档中某一词条出现的频率越高，说明该文档区分文档内容属性的能力越强，其权值越大。

可以用其对应的向量之间的夹角余弦来表示两文档之间的相似度，即文档 d_i、d_j 的相似度可以表示为：

$$\text{sim}(d_i, d_j) = \cos\theta = \frac{\sum_{t=1}^{n}\omega_k(d_d) \times \omega_k(d_j)}{\sqrt{\left(\sum_{k=1}^{n}\omega_k^2(d_d)\right)\left(\sum_{k=1}^{n}\omega_k^2(d_j)\right)}}$$

在查询过程中，先将查询条件 Q 进行向量化，主要依据以下布尔模型。当 ti 在查询条件 Q 中时，将对应的第 i 坐标置为1，否则置为0，即文档 d 与查询 Q 的相似度为：

$$\text{sim}(Q, d) = \frac{\sum_{d=1}^{n}\omega_i(d) \times q_i}{\sqrt{\left(\sum_{d=1}^{n}\omega_d^2(d)\right)\left(\sum_{d=1}^{n}q_d^2\right)}}$$

根据文档之间的相似度，结合机器学习的神经网络算法，K-近邻算法和贝叶斯分类算法等一些算法，可将文档集划分为一些小的文档子集。

在查询过程中，可以计算出每个文档与查询的相似度，进而根据相似度的大小，对查询的结果进行排序。

向量空间模型可以实现文档的自动分类，并对查询结果的相似度排序，这能够有效提高检索效率。其缺点是相似度的计算量大，当有新文档加入时，必须重新计算词的权值。

4. MLlib 中的聚类和分类

聚类和分类是机器学习中两个常用的算法，聚类将数据分开为不同的集合，分类预测新数据类别，下面介绍这两类算法。

(1) 什么是聚类和分类

聚类(Clustering)是指将数据对象分组成为多个类或者簇(Cluster)，它的目标是：在同一个簇中的对象之间具有较高的相似度，而不同簇中对象的差别较大。其实，聚类在人们日常生活中是一种常见的行为，即所谓的"物以类聚，人以群分"，其核心思想在于分组，人们不断地改进聚类模式来学习如何区分各个事物和人。

分类方法(classification)用于预测数据对象的离散类别(categorical Label)；预测方法(prediction)用于预测数据对象的连续取值。

- 分类流程：新样本→特征选取→分类→评价。
- 训练流程：训练集→特征选取→训练→分类器。

最初，机器学习的分类应用大多是在这些方法及基于内存基础上构造的算法。目前，数据挖掘方法要求具有处理大规模数据集合能力，同时具有可扩展能力。

(2)MLlib 中的聚类和分类

MLlib 目前已经实现了 K-Means 聚类算法、朴素贝叶斯和决策树分类算法。这里主要介绍广泛使用的 K-Means 聚类算法。

- K-Means 算法简介

K-Means 聚类算法能轻松地对聚类问题建模。K-Means 聚类算法容易理解，并且能在分布式的环境下并行运行。学习 K-Means 聚类算法，能更容易地理解聚类算法的优缺点，以及其他算法对于特定数据的高效性。

K-Means 聚类算法中的 K 是聚类的数目，在算法中会强制要求用户输入。如果将新闻聚类成诸如政治、经济、文化等大类，可以选择 10～20 的数字作为 K。因为这种顶级类别的数量是很小的。如果要对这些新闻详细分类，选择 50～100 的数字也没有问题。K-Means 聚类算法主要分为 3 步。第一步是为待聚类的点寻找聚类中心；第二步是计算每个点到聚类中心的距离，将每个点聚类到离该点最近的聚类中；第三步是计算聚类中所有点的坐标平均值，并将这个平均值作为新的聚类中心点。反复执行第二步，直到聚类中心不再进行大范围的移动，或者聚类次数达到要求为止。

- K-Means 示例

表 4-6 中的例子有 7 名选手，每名选手有两个类别的比分：A 类比分和 B 类比分。

表 4-6　　　　　　　　　　　　　A 类和 B 类比分

Subject	A	B	Subject	A	B
1	1.0	1.0	5	3.5	5.0
2	1.5	2.0	6	4.5	5.0
3	3.0	4.0	7	3.5	4.5
4	5.0	7.0			

这些数据将会聚为两个簇。随机选取 1 号和 4 号选手作为簇的中心。1 号和 4 号选手信息如表 4-7 所示。

表 4-7　　　　　　　　　　　　　1 号和 4 号选手信息

属性组名	Individual	Mean Vector(centroid)
Group1	1	(1.0, 1.0)
Group2	4	(5.0, 7.0)

第一步将 1 号和 4 号选手分别作为两个簇的中心点，下面每一步将选取点和两个簇中心计算欧几里得距离，和哪个中心距离小就放到哪个簇中。表 4-8 所示为第一聚类。

表 4-8　　　　　　　　　　　　　　　第一步聚类

步骤/簇名	Cluster1		Cluster2	
Step	Individual	Mean Vector (centroid)	Individual	Mean Vector (centroid)
1	1	(1.0, 1.0)	4	(5.0, 7.0)
2	1, 2	(1.2, 1.5)	4	(5.0, 7.0)
3	1, 2, 3	(1.8, 2.3)	4	(5.0, 7.0)
4	1, 2, 3	(1.8, 2.3)	4, 5	(4.2, 6.0)
5	1, 2, 3	(1.8, 2.3)	4, 5, 6	(4.3, 5.7)
6	1, 2, 3	(1.8, 2.3)	4, 5, 6, 7	(4.1, 5.4)

第一轮聚类的结果产生了，如表 4-9 所示。

表 4-9　　　　　　　　　　　　　　　第一轮结果

属 性 组 名	Individual	Mean Vector(centroid)
Cluster1	1, 2, 3	(1.8, 2.3)
Cluster2	4, 5, 6, 7	(4.1, 5.4)

第二轮将使用(1.8，2.3)和(4.1，5.4)作为新的簇中心，重复上面的过程，直到迭代次数达到用户设定的次数为止。最后一轮迭代分出的两个簇就是最后的聚类结果。

4.4.2　案例实践

MLlib 是一些常用机器学习算法在 Spark 上的实现，Spark 的设计初衷是支持一些迭代的大数据算法。下面通过一个例子使用 Mllib 支持向量机进行分类，并将程序打包执行，学生可以通过示例开启 MLlib 之旅。

1. 实例介绍

在该实例中将介绍 K-Means 算法，K-Means 属于基于平方误差的迭代重分配聚类算法，其核心思想十分简单：

- 随机选择 K 个中心点；
- 计算所有点到这 K 个中心点的距离，选择距离最近的中心点为其所在的簇；
- 简单地采用算术平均数(mean)来重新计算 K 个簇的中心；
- 重复步骤 2 和 3，直至簇类不再发生变化或者达到最大迭代值；
- 输出结果。

K-Means 算法的结果好坏依赖于对初始聚类中心的选择，容易陷入局部最优解，对 K

值的选择没有准则可依循,对异常数据较为敏感,只能处理数值属性的数据,聚类结构可能不平衡。

本实例中进行如下步骤:
- 装载数据,数据以文本文件方式进行存放;
- 将数据集聚类,设置 2 个类和 20 次迭代,进行模型训练形成数据模型;
- 打印数据模型的中心点;
- 使用误差平方之和来评估数据模型;
- 使用模型测试单点数据;
- 交叉评估 1,返回结果;交叉评估 2,返回数据集和结果。

2. 实验测试数据

该实例使用的数据为 kmeans_data.txt,在该文件中提供了 6 个点的空间位置坐标,使用 K-means 聚类对这些点进行分类。

使用的 kmeans_data.txt 的数据格式如下所示:

```
0.0 0.0 0.0
0.1 0.1 0.1
0.2 0.2 0.2
9.0 9.0 9.0
9.1 9.1 9.1
9.2 9.2 9.2
```

3. 实例代码

```scala
package ldl.spark.chapter4;
import org.apache.log4j.{Level, Logger}
import org.apache.spark.{SparkConf, SparkContext}
import org.apache.spark.mllib.clustering.KMeans
import org.apache.spark.mllib.linalg.Vectors
object Kmeans {
  def main(args: Array[String]) {
    //屏蔽不必要的日志显示在终端上
    Logger.getLogger("org.apache.spark").setLevel(Level.WARN)
    Logger.getLogger("org.eclipse.jetty.server").setLevel(Level.OFF)
    //设置运行环境
    val conf = new SparkConf().setAppName("Kmeans").setMaster("local")
    val sc = new SparkContext(conf)
    //装载数据集
    val data = sc.textFile("hdfs://localhost:9000/data/kmeans_data.txt", 1)
```

```scala
val parsedData = data.map(s => Vectors.dense(s.split(' ').map(_.toDouble)))
//将数据集聚类,2 个类,20 次迭代,进行模型训练形成数据模型
val numClusters = 2
val numIterations = 20
val model = KMeans.train(parsedData, numClusters, numIterations)
//打印数据模型的中心点
println("Cluster centers:")
for (c <- model.clusterCenters) {
    println("  " + c.toString)
}
//使用误差平方之和来评估数据模型
val cost = model.computeCost(parsedData)
println("Within Set Sum of Squared Errors = " + cost)
//使用模型测试单点数据
println("Vectors 0.2 0.2 0.2 is belongs to clusters:" +
    model.predict(Vectors.dense("0.2 0.2 0.2".split(' ').map(_.toDouble))))
println("Vectors 0.25 0.25 0.25 is belongs to clusters:" +
    model.predict(Vectors.dense("0.25 0.25 0.25".split(' ').map(_.toDouble))))
println("Vectors 8 8 8 is belongs to clusters:" +
    model.predict(Vectors.dense("8 8 8".split(' ').map(_.toDouble))))
//交叉评估 1,只返回结果
val testdata = data.map(s => Vectors.dense(s.split(' ').map(_.toDouble)))
val result1 = model.predict(testdata)
result1.saveAsTextFile("hdfs://localhost:9000/data/result_kmeans1")
//交叉评估 2,返回数据集和结果
val result2 = data.map { line =>
    val linevectore = Vectors.dense(line.split(' ').map(_.toDouble))
    val prediction = model.predict(linevectore)
    line + " " + prediction
}.saveAsTextFile("hdfs://localhost:9000/data/result_kmeans2")
sc.stop()
    }
}
```

4. 实验结果

(1)IDEA 控制台窗口的输出

在运行日志窗口中可以看到,通过计算计算出模型并找出两个簇中心点:(9.1, 9.1, 9.1)和(0.1, 0.1, 0.1),使用模型对测试点进行分类求出分属于族簇。

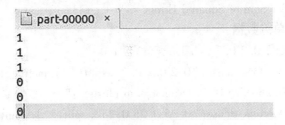

图 4-23

(2) 查看输出结果文件
- hdfs：//localhost：9000/data/result_kmeans1 目录下输出结果

```
part-00000
1
1
1
0
0
0
```

图 4-24

- hdfs：//localhost：9000/data/result_kmeans2 目录下输出结果

```
part-00000
0.0 0.0 0.0 1
0.1 0.1 0.1 1
0.2 0.2 0.2 1
9.0 9.0 9.0 0
9.1 9.1 9.1 0
9.2 9.2 9.2 0
```

图 4-25

第 5 章　Spark 性能优化

5.1　知识要点

在 Spark 应用程序的开发中，需要根据具体的算法和应用场景选择调优方法，没有万能的解决方案，每一种调优方法对一些方面的性能可以优化，对另一些方面的性能可能会产生损耗，下面先介绍对性能调优产生影响的主要参数。

1. 如何进行参数配置性能调优

熟悉 Hadoop 开发的用户对配置项应该不陌生。根据不同问题，调整不同的配置项参数是比较基本的调优方案。配置项可以在脚本文件中添加，也可以在代码中添加。

(1) 通过配置文件 spark-env.sh 添加

可以参照 spark-env.sh.template 模板文件中的格式进行配置，参见下面的格式。

```
export JAVA_HOME=/usr/local/jdk
export SCALA_HOME=/usr/local/scala
export SPARK_MASTER_IP=127.0.0.1
export SPARK_MASTER_WEBUI_PORT=8088
export SPARK_WORKER_WEBUI_PORT=8099
export SPARK_WORKER_CORES=4
export SPARK_WORKER_MEMORY=8g
```

(2) 在程序中通过 SparkConf 对象添加，则在程序代码中需要在 SparkContext 定义之前修改配置项的修改。例如：

```
SparkConf sparkConf = new SparkConf().setMaster("local").setAppName
    ("Myapplication").set("spark.executor.memory","1g");
SparkContext ctx = new SparkContext(sparkConf);
```

(3) 在程序中通过 System.setProperty 添加

如果是在代码中添加，则需要在 SparkContext 定义之前修改配置项。例如：

```
System.setProperty("spark.executor.memory","14g");
System.setProperty("spark.worker.memory","16g");
SparkConf sparkConf = new SparkConf().setAppName("Simple Application");
SparkContext ctx = new SparkContext(sparkConf);
```

注：Spark 官网（http://spark.apache.org/docs/latest/configuration.html）推荐了很多配置参数，学生可以参阅。

2. 如何观察性能问题

可以通过下面的方式监测性能。

- Web UI。
- Driver 程序控制台日志。
- logs 文件夹下日志。
- work 文件夹下日志。
- Profiler 工具。

例如，一些 JVM 的 Profiler 工具，如 Yourkit、Jconsole 或者 JMap、JStack 等命令。更全面的可以通过集群的 Profiler 工具，如 Ganglia、Ambaria 等。

5.2 案例实践

一个应用程序可以完成基本功能其实还不够，还有一些更加细节和有实际意义的问题需要考虑，尤其是性能优化问题，但以往的经验教训告诉我们，过早的性能优化是万恶之源，性能优化应该随着程序的开发、调试以及作业的运行观察性能瓶颈，进而进行性能调优。

性能方面的提高概括来说主要包括时间性能提升和空间性能提升，而这两个方面又是一个权衡和矛盾的地方，需要根据应用的具体需求运行环境适当调节，进而在正确完成功能的基础之上，使执行的时间尽可能的短，占用的空间尽量小。

当处理大规模数据时，调优是必须面对的问题，Spark 是内存计算，内存问题就变得尤为重要。下面介绍的调优方法并不能涵盖 Spark 的全部，更多细节的调优可以到 Spark 的社区进行提问和查看，上面会有很多和你遇到同样问题的解决方案，以及很多的高手乐于帮你解答。

下面从以下几个方面来介绍 Spark 的性能调优。

1. 调度与分区优化

（1）小分区合并问题

在用户使用 Spark 的过程中，常常会使用 filter 算子进行数据过滤。而频繁的过滤或者过滤掉的数据量过大就会产生问题，造成大量小分区的产生（每个分区数据量小）。由于 Spark 是每个数据分区都会分配一个任务执行，如果任务过多，则每个任务处理的数据量很小，会造成线程切换开销大，很多任务等待执行，并行度不高的问题，是很不经济的。例如：

```
JavaRDD<String> errors = textFile.filter(new Function<String,Boolean>(){
    public Boolean call(String s){
        return s.contains("ERROR");}}).filter(new Function<String,Boolean>(){
            public Boolean call(String s){
                return s.contains(info).collect();
}});
```

解决方式：可以采用 RDD 中重分区的函数进行数据紧缩，减少分区数，将小分区合并变为大分区。通过 coalesce 函数来减少分区，具体如下。

```
public JavaRDD<T> coalesce(int numPartitions, boolean shuffle)
```

这个函数会返回一个含有 numPartitions 数量个分区的新 RDD，即将整个 RDD 重分区。

以下几个情景请大家注意，当分区由 10000 重分区到 100 时，由于前后两个阶段的分区是窄依赖的，所以不会产生 Shuffle 的操作。但是如果分区数量急剧减少，如极端状况从 10000 重分区为一个分区时，就会造成一个问题：数据会分布到一个节点上进行计算，完全无法开掘集群并行计算的能力。为了规避这个问题，可以设置 shuffle = true。请看源码：

```
new CoalescedRDD(new ShuffledRDD[Int,T,T,(Int,T)]
(mapPartitionsWithIndex(distributePartition)
new HashPartitioner(numPartitions)),numPartitions).values
```

由于 Shuffle 可以分隔 Stage，这就保证了上一阶 Stage 中的上游任务仍是 10000 个分区在并行计算。如果不加 Shuffle，则两个上下游的任务合并为一个 Stage 计算，这个 Stage 便会在 1 个分区状况下进行并行计算。

同时还会遇到另一个需求，即当前的每个分区数据量过大，需要将分区数量增加，以利用并行计算能力，这就需要把 Shuffle 设置为 true，然后执行 coalesce 函数，将分区数增大，在这个过程中，默认使用 Hash 分区器将数据进行重分区。

```
public JavaRDD<T> repartition(int numPartitions);
```

rePartition 方法会返回一个含有 numPartitions 个分区的新 RDD，其源码如下。

```
def repartition(numPartitions:Int)(implicit ord:Ordering[T] = null)RDD[T] = {
```

```
coalesce(numPartitions, shuffle = true)
}
```

repartition 本质上就是调用的 coalesce 方法。因此如果用户不想进行 Shuffle，就需用 coalese 配置重分区，为了方便起见，可以直接用 repartition 进行重分区。

(2) 倾斜问题

倾斜(skew)问题是分布式大数据计算中的重要问题，很多优化研究工作都围绕该问题展开。倾斜有数据倾斜和任务倾斜两种情况，数据倾斜导致的结果即为任务倾斜，在个别分区上，任务执行时间过长。当少量任务处理的数据量和其他任务差异过大时，任务进度长时间维持在 99%(或 100%)，此时，任务监控页面中有少量(1 个或几个) reduce 子任务未完成。单一 reduce 的记录数与平均记录数差异过大，最长时长远大于平均时长，常可能达到 3 倍甚至更多。

① 数据倾斜
- 产生数据倾斜的原因大致有以下几种。
- key 的数据分布不均匀(一般是分区 key 取得不好或者分区函数设计得不好)。
- 业务数据本身就会产生数据倾斜(像 TPC-DS 为了模拟真实环境负载特意用有倾斜的数据进行测试)。
- 结构化数据表设计问题。
- 某些 SQL 语句会产生数据倾斜。

② 任务倾斜

产生任务倾斜的原因较为隐蔽，一般就是那台机器的正在执行的 Executor 执行时间过长，因为服务器架构，或 JVM，也可能是来自线程池的问题，等。

解决方式：可以通过考虑在其他并行处理方式中间加入聚集运算，以减少倾斜数据量。数据倾斜一般可以通过在业务上将极度不均匀的数据剔除解决。这里其实还有 Skew Join 的一种处理方式，将数据分两个阶段处理，倾斜的 key 数据作为数据源处理，剩下的 key 的数据再做同样的处理。二者分开做同样的处理。

③ 任务执行速度倾斜

产生原因可能是数据倾斜，也可能是执行任务的机器在架构，OS、JVM 各节点配置不同或其他原因。

解决方式：设置 spark.speculation=true 把那些执行时间过长的节点去掉，重新调度分配任务，这个方式和 Hadoop MapReduce 的 speculation 是相通的。同时可以配置多长时间来推测执行，spark.speculation.interval 用来设置执行间隔进行配置。在源码中默认是配置的 100，示例如下。

```
float SPECULATION_INTERVAL=conf.getLong("spark.speculation.interval", 100);
```

(3) 并行度

在分布式计算的环境下，如果不能正确配置并行度，就不能够充分利用集群的并行计算能力，浪费计算资源。Spark 会根据文件的大小，默认配置 Map 阶段任务数量，也就是分区数量（也可以通过 SparkContext.textFile 等方法进行配置）。而 Reduce 的阶段任务数量配置可以有两种方式，下面分别进行介绍。

① 第一种方式：写函数的过程中通过函数的第二个参数进行配置。

```
public JavaPairRDD<K, V> reduceByKey(Function2<V, V, V> func, int numPartitions) = {
    reduceByKey(new HashPartitioner(numPartitions), func)
}
```

② 第二种方式：通过配置 spark.default.parallelism 来进行配置。它们的本质原理一致，均是控制 Shuffle 过程的默认任务数量。

下面介绍通过配置 spark.default.parallelism 来配置默认任务数量（如 groupByKey、reduceByKey 等操作符需要用到此参数配置任务数），这里的数量选择也是权衡的过程，需要在具体生产环境中调整，Spark 官方推荐选择每个 CPU Core 分配 2~3 个任务，即 cpu core num * 2（或 3）数量的并行度。

如果并行度太高，任务数太多，就会产生大量的任务启动和切换开销。

如果并行度太低，任务数太小，就会无法发挥集群的并行计算能力，任务执行过慢，同时可能会造成内存 combine 数据过多占用内存，而出现内存溢出（out of memory）的异常。

下面通过源码介绍这个参数是怎样发挥作用的。可以通过分区器的代码看到，分区器函数式决定分区数量和分区方式，因为 Spark 的任务数量由分区个数决定，一个分区对应一个任务。

```
object Partitioner {
    def defaultPartitioner(rdd: RDD[_], others: RDD[_]*): Partitioner = {
        val bySize = (Seq(rdd) ++ others).sortBy(_.partitions.size).reverse
        for (r <- bySize if r.partitioner.isDefined) {
            return r.partitioner.get
        }
        if (rdd.context.conf.contains("spark.default.parallelism")) {
            new HashPartitioner(rdd.context.defaultParallelism);
        } else {
            new HashPartitioner(bySize.head.partitions.size);
        }
    }
}
```

从 RDD 的代码中可以看到，默认的分区函数设置了 groupBy 的分区数量。

```
public JavaPairRDD<K , java.lang.Iterable<V>>groupByKey(Partitioner partitioner)=
    groupBy[K](f, defaultPartitioner(this));
```

reduceByKey 中也是通过默认分区器设置分区数量。

```
public RDD<scala.Tuple2<K, V>> reduceByKey(Partitioner partitioner, Function2<V, V,
V> func)={
    reduceByKey(defaultPartitioner(self) func)
}
```

(4) DAG 调度执行优化

① 同一个 Stage 中尽量容纳更多的算子,以减少 Shuffle 的发生。

由于 Stage 中的算子是按照流水线方式执行的,所以更多的 Transformation 放在一起执行能够减少 Shuffle 的开销和任务启动和切换的开销。

② 复用已经 cache 过的数据。

可以使用 cache 和 persist 函数将数据缓存在内存,其实用户可以按单机的方式理解,存储仍然是多级存储,数据存储在访问快的存储设备中,提高快速存储命中率会提升整个应用程序的性能。

2. 内存存储优化

(1) JVM 优化

内存调优过程的大方向上有三个方向是值得考虑的。

- 应用程序中对象所占用的内存空间。
- 访问这些内存对象的代价。
- 垃圾回收的开销。

通常状况下,Java 的对象访问速度是很快的,但是相对于对象中存储的原始数据,Java 对象整体会耗费 2~5 倍的内存空间。

① 计算内存的消耗

计算数据在集群内存占用的空间的大小的最好方法是创建一个 RDD,读取这些数据,将数据加载到 cache,在驱动程序的控制台查看 SparkContext 的日志。这些日志信息会显示每个分区占用多少空间(当内存空间不够时,将数据写到磁盘上),然后用户可以根据分区的总数大致估计出整个 RDD 占用的空间。例如,下面的日志信息。

INFO BlockManagerMasterActor: Added rdd_0_1 in memory on mbk.local: 50311 (size: 717.5 KB, free: 332.3 MB)

这表示 RDD0 的 partition1 消耗了 717.5KB 内存空间。

② 调整数据结构

减少内存消耗的第一步就是减少一些除原始数据以外的 Java 特有信息的消耗,如链式结构中的指针消耗、包装数据产生的元数据消耗等。

- 在设计和选用数据结构时能用数组类型和基本数据类型最好,尽量减少一些链式的 Java 集合或者 Scala 集合类型的使用。可以采用 fastutil 这个第三方库,其中有很多对基本数据类型的集合,能够基本覆盖大部分的 Java 标准库集合和数据类型。官网地址为 http://fastutil.di.unimi.it/。
- 减少对象嵌套。例如,使用大量数据量小、个数多的对象和内含指针的集合数据结构,这样会产生大量的指针和对象头元数据的开销。《编程之美》中提出的"程序简单就是美"的思想在这里也能够体现,不是数据结构设计多复杂,这个程序就多好,而是能解决问题,采用的数据结构又很简单,代码量小,开销小,这样才是最见功力的。
- 考虑使用数字的 ID 或者枚举对象,而不是使用字符串作为 key 键的数据类型。从前面也看到,字符串的元数据和本身的字符编码问题产生的空间占用过大。
- 当内存小于 32GB 时,官方推荐配置 JVM 参数-XX:+UseCompressedOops,进而将指针由 8byte 压缩为 4byte。OOP 的全称是 ordinary object pointer,即普通对象指针。在 64 位 HotSpot 中,OOP 使用 32 位指针,默认 64 位指针会比 32 位指针使用的内存多 1.5 倍,启用 CompressOops 后,会压缩的对象如下。
  - ➢ 每个 Class 的属性指针(静态成员变量)。
  - ➢ 每个对象的属性指针。
  - ➢ 普通对象数组每个元素的指针。

③ 序列化存储 RDD

如果通过上面的优化方式进行优化,对象存储空间仍然很大,一个更加简便的减少内存消耗的方法是以序列化的格式来存储这些对象。在程序中可以通过设置 StorageLevels 这个枚举类型来配置 RDD 的数据存储方式,官网的 API 文档中提供了更为丰富的 RDD 存储方式,有兴趣的读者可以自行学习参考。例如,当配置 RDD 为 MEMORY_ONLY_SER 存储方式时,Spark 将这个 RDD 的每个分区存储为一个大的 byte 数组。当然这也是一个权衡的过程,这样的存储会带来数据访问变慢的问题,这是由于每次访问数据还需要经过反序列化的过程。用户如果希望在内存中缓存数据,则官方推荐使用 Kyro 的序列化库进行序列化,因为 Kyro 相比于 Java 的标准序列化库序列化后的对象占用空间更小,性能更好。

④ JVM 垃圾回收(GC)调优

当 Spark 程序产生大数据量的 RDD 时,JVM 的垃圾回收就会成为一个问题。当 JVM 需要替换和回收旧对象所占空间来为新对象提供存储空间时,根据 JVM 垃圾回收算法,JVM 将遍历所有 Java 对象,然后找到不再使用的对象进而回收。这里其实开销最大的因素是程序中使用了大量的对象,所以设计数据结构时应该尽量使用创建更少的对象的数据结构,如尽量采用数组 Array,而少用链表的 LinkedList,从而减少垃圾回收开销。更好的一个方式是将数据缓存为序列化的形式,这些将在序列化的优化方法中详细介绍,这样只有一个对象,即一个 byte 数组作为一个 RDD 的分区存储。当遇到 GC(垃圾回收)问题时,首先考虑用序列化的方式尝试解决。

当 Spark 任务的工作内存空间和 RDD 的缓存数据空间产生干扰时,垃圾回收同样会成为一个问题，可以通过控制分给 RDD 的缓存来缓解这个问题。
- 度量 GC 的影响

GC 调优的第一步是统计 GC 的频率和 GC 的时间开销。可以设置 spark-env.sh 中的 SPARK_JAVA_OPTS 参数，添加选项-verbose：gc-XX：+ PrintGCDetails-XX：+ PrintGCTimeStamps。当用户下一次的 Spark 任务运行时，将会看到 worker 的日志信息中出现打印 GC 的时间等信息，需要注意的是，这些信息都 Worker 节点显示，而不在驱动程序的控制台显示。

- 缓存大小调优

对 GC 来说，一个重要的配置参数就是内存给 RDD 用于缓存的空间大小。默认情况下，Spark 用配置好的 Executor 60%的内存（spark.executor.memory）缓存 RDD。这就意味着 40%的剩余内存空间可以让 Task 在执行过程中缓存新创建的对象。在有些情况下，用户的任务变慢，而且 JVM 频繁地进行垃圾回收或者出现内存溢出（out of memory 异常），这时可以调整这个百分比参数为 50%。该百分比参数可以通过配置 spark-env.sh 中的变量 spark.storage.memoryFraction=0.5 进行配置。同时结合序列化的缓存存储对象减少内存空间占用，将会更加有效地缓解垃圾回收问题。下面介绍一些高级 GC 调优技术。图 5-1 为 Java 堆中的各代内存分布。

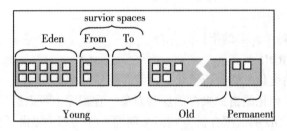

图 5-1　JVM 内存分布

- 全局 GC 调优

Spark 中全局的 GC 调优要确保只有存活时间长的 RDD 存储在老年代（Old generation）区域，这样保证年轻代（Young）有足够的空间存储存活时间短的对象。这有助于减少 Spark 任务执行时需要给数据分配的空间，用户可以通过下面的方法观察和解决 full GC 问题。

可以通过观察日志信息查看是否存在过多过频繁的 GC。如果 full GC 在任务执行完成之前被触发多次，就表示对正在执行的任务没有足够的内存空间分配。

如果从打印的 GC 日志来看，老年代将要满了，就应该减少缓存数据的内存使用量，可以通过配置 spark.storage.memoryFraction 属性进行配置，缓存更少的对象还是比减慢内存执行时间更加经济。

（2）OOM 问题优化

相信有一定 Spark 开发经验的用户或多或少都遇到过 OutOfMemoryError 内存溢出问题。

通过之前的介绍，读者已经对JVM的内存管理有了大致的了解，JVM管理大致分为这几个区域：permanent generation space（持久代区域）、heap space（堆区域）、Java stacks（Java栈）。

持久代区域主要存放类和元数据信息，Class第一次加载时被放入PermGen space区域，Class需要存储的内容主要包括方法和静态属性。

堆区域用来存放对象，对象需要存储的内容主要是非静态属性，包括年轻代和年老代。每次用new创建一个对象实例后，对象实例存储在堆区域中，这部分空间也由JVM的垃圾回收机制管理。

Java栈与大多数编程语言，包括汇编语言的栈功能相似，主要存储基本类型变量以及方法的输入输出参数。Java程序的每个线程中都有一个独立的堆栈，然后值类型会存储在栈上。

发生内存溢出问题的原因是Java虚拟机创建的对象太多，在进行垃圾回收时，虚拟机分配到的堆内存空间已经用满了，与heap space有关。解决这类问题有两种思路，一种是减少App的内存占用消耗，另一种是增大内存资源的供给，具体的做法如下。

- 检查程序，看是否有死循环或不必要重复创建大量对象的地方。找到原因后，修改程序和算法。有很多Java profile工具可以使用，官方推荐的是YourKit其他还有JvisualVM、Jcohsole等工具可以使用。
- 按照之前内存调优中总结的能够减少对象在内存数据存储空间的方法开发程序开发和配置参数。
- 增加Java虚拟机中Xms（初始堆大小）和Xmx（最大堆大小）参数的大小，如setJAVA_OPTS=-Xms256m-Xmx1024m。

引起这个问题的原因还很可能是Shuffle类操作符在任务执行过程中在内存建立的Hash表过大。在这种情况下，可以通过增加任务数，即分区数来提升并行性度，减小每个任务的输入数据，减少内存占用来解决。

（3）磁盘临时目录优化

配置参数spark.local.dir能够配置Spark在磁盘的临时目录，默认是/tmp目录。在Spark进行Shuffle的过程中，中间结果会写入Spark在磁盘的临时目录中，或者当内存不能够完全存储RDD时，内存放不下的数据会写到配置的磁盘临时目录中。

这个临时目录设置过小会造成"No space left on device"异常。也可以配置多个盘块spark.local.dir=/mnt1/spark，/mnt2/spar，/mnt3/spark来扩展Spark的磁盘临时目录，让更多的数据可以写到磁盘，加快I/O速度。

3. 网络传输优化

（1）大任务分发优化

在任务的分发过程中会序列化任务的元数据信息，以及任务需要的jar和文件。任务的分发是通过AKKA库中的Actor模型之间的消息传送的。因为Spark采用了Scala的函数式风格，传递函数的变量引用采用闭包方式传递，所以当需要传输的数据通过Task进行分发时，会拖慢整体的执行速度。配置参数spark.akka.frameSize（默认buffer的大小为10MB）可以缓解过大的任务造成AKKA缓冲区溢出的问题，但是这个方式并不能解决本质的问题。下面具体讲解配置参数 spark.akka.frameSize。

spark.akka.frameSize 控制 Spark 框架内使用的 AKKA 框架中，Actor 通信消息的最大容量(如任务(Task)的输出结果)，因为整个 Spark 集群的消息传递都是通过 Actor 进行的，默认为 10MB。当处理大规模数据时，任务的输出可能会大于这个值，需要根据实际数据设置一个更高的值。如果是这个值不够大而产生的错误，则可以从 Worker 节点的日志中排查。通常 Worker 上的任务失败后，主节点 Master 的运行日志上提示"Lost TID："，可通过查看失败的 Worker 日志文件 $SPARK_HOME/work/目录下面的日志文件中记录的任务的 Serializedsize of result 是否超过 10MB 来确定通信数据超过 AKKA 的 Buffer 异常。

(2) Broadcast 在调优场景中的应用

Spark 的 Broadcast(广播)变量对数据传输进行优化，通过 Broadcast 变量将用到的大数据量数据进行广播发送，可以提升整体速度。Broadcast 主要用于共享 Spark 在计算过程中各个 task 都会用到的只读变量，Broadcast 变量只会在每台计算机器上保存一份，而不会每个 task 都传递一份，这样就大大节省了空间，节省空间的同时意味着传输时间的减少，效率也高。在 Spark 的 HadoopRDD 实现中，就采用 Broadcast 进行 Hadoop JobConf 的传输。官方文档的说法是，当 task 大于 20KB 时，可以考虑使用 Broadcast 进行优化，还可以在控制台日志看到任务是多大，进而决定是否优化。还需要注意，每次迭代所传输的 Broadcast 变量都会保存在从节点 Worker 的内存中，直至内存不够用，Spark 才会把旧的 Broadcast 变量释放掉，不能提前进行释放。BroadCast 变量有一些应用场景，如 MapSideJoin 中的小表进行广播、机器学习中需要共享的矩阵的广播等。

学生可以调用 SparkContext 中的方法生成广播变量。

```
public <T> Broadcast<T> broadcast(Tvalue, scala.reflect.ClassTag<T> evidence $11);
```

(3) Collect 结果过大优化

在开发程序的过程中，会常常用到 Collect 操作符。Collect 函数的实现如下。

```
def collect(): Array[T] = {
    val results = sc.runJob(this, (iter: Iterator[T]) => iter.toArray)
    Array.concat(results: _*)
}
```

函数通过 SparkContext 将每个分区执行变为数组，返回主节点后，将所有分区的数组合并成一个数组。这时，如果进行 Collect 的数据过大，就会产生问题，大量的从节点将数据写回同一个节点，拖慢整体运行时间，或者可能造成内存溢出的问题。

解决方式：当收集的最终结果数据过大时，可以将数据存储在分布式的 HDFS 或其他分布式持久化层上。将数据分布式地存储，可以减小单机数据的 I/O 开销和单机内存存储压力。或者当数据不太大，但会超出 AKKA 传输的 Buffer 大小时，需要增加 AKKA Actor 的 buffer，可以通过配置参数 spark.akka.frameSize(默认大小为 10MB)进行调整。

4. 其他优化方法

(1) 批处理

有些程序可能会调用外部资源，如数据库连接等，这些连接通过 JDBC 或者 ODBC 与外部数据源进行交互。用户可能会在编写程序时忽略掉一个问题。例如，将所有数据写入数据库，如果是一条一条地写：

rdd.map{line => con=getConnection；
con.write(line.toString)；
con.close}

因为整个 RDD 的数据项很大，整个集群会在短时间内产生高并发写入数据库的操作，对数据库压力很大，将产生很大的写入开销。

这里，可以将单条记录写转化为数据库的批量写，每个分区的数据写一次，这样可以利用数据库的批量写优化减少开销和减轻数据库压力。

rdd.mapPartitions(lines => conn.getDBConn；
for(item <- lines)
write(item.toString)
conn.close)

同理，对于其他类型的需要和外部资源进行交互的操作，也是应该采用这种处理方式。

(2) reduce 和 reduceByKey 的优化

reduce 是 Action 操作，reduceByKey 是 Transformation 操作，其源码如下。

```
def reduce(f: (T, T) => T): T = {
  val cleanF = sc.clean(f)
  val reducePartition: Iterator[T] => Option[T] = iter =>{
    if(iter.hasNext){
      Some(iter.reduceLeft(cleanF))
    } else {
      None
    }
  }
  var jobResult: Option[T] = None
  val mergeResult =(index: Int, taskResult: Option[T]) =>{
    if (taskResult.isDefined) {
      jobResult = jobResult match {
```

```
            case Some( value) = > Some( f( value, taskResult. get) )
            case None => taskResult
      }
    }
}
sc. runJob( this, reducePartition, mergeResult)
    jobResult. getOrElse( throw new UnsupportedOperationException( "empty collection") )
}
```

在 reduce 函数中会触发 sc. runJob,提交任务,reduce 是一个 Action 操作符。reduceByKey 的源码如下。

```
def reduceByKey( partitioner:Partitioner, func:( V, V) = > V):RDD[ ( K, V) ] = {
    combineByKey[ V]((v: V) = > v, func,   func,   partitioner)
}
```

由代码可知,reduceByeKey 并没有触发 runJob,而是调用了 combineByKey,该函数调用聚集器聚集数据。

reduce 是一种聚合函数,可以把各个任务的执行结果汇集到一个节点,还可以指定自定义的函数传入 reduce 执行。Spark 也对 reduce 的实现进行了优化,可以把同一个任务内的结果先在本地 Worker 节点执行聚合函数,再把结果传给 Driver 执行聚合。但最终数据还是要汇总到主节点,而且 reduce 会把接收到的数据保存到内存中,直到所有任务都完成为止。因此,当任务很多,任务的结果数据又比较大时 Driver 容易造成性能瓶颈,这样就应该考虑尽量避免 reduce 的使用,而将数据转化为 Key-Value 对,并使用 reduceByKey 实现逻辑,使计算变为分布式计算。

reduceByKey 也是聚合操作,是根据 key 聚合对应的 value。同样的,在每一个 mapper 把数据发送给 reducer 前,会在 Map 端本地先合并(类似于 MapReduce 中的 Combiner)。与 reduce 不同的是,reduceByKey 不是把数据汇集到 Driver 节点,是分布式进行的,因此不会存在 reduce 那样的性能瓶颈。

(3) Shuffle 操作符的内存使用

在有些情况下,应用将会遇到 OutOfMemory 的错误,其中并不是因为内存大小不能够容纳 RDD,而是因为执行任务中使用的数据集合太大(如 groupByKey)。Spark 的 Shuffle 操作符(sortByKey、groupByKey、reduceByKey、join 等都可以算是 Shuffle 操作符,因为这些操作会引发 Shuffle)在执行分组操作的过程中,会在每个任务执行过程中,在内存创建 Hash 表来对数据进行分组,而这个 Hash 表在很多情况下通常变得很大。最简单的一种解决方案就是增加并行度,即增加任务数量和分区数量。这样每轮次每个 Executor 执行的任务数是固定的,每个任务接收的输入数据变少会减少 Hash 表的大小,占用的内存就会减少,从而避免内存溢出 OOM 的发生。

Spark 通过多任务复用 Worker 的 JVM，每个节点所有任务的执行是在同一个 JVM 上的线程池中执行的，这样就减少了线程的启动开销，可以高效地支持单个任务 200ms 的执行时间。通过这个机制，可以安全地将任务数量的配置扩展到超过集群的整体的 CPU core 数，而不会出现问题。

参考文献

[1] Karau H, Konwinski A, Wendell P, et al. Learning spark: lightning-fast big data analysis [M]. "O'Reilly Media, Inc.", 2015.

[2] Karau H. Fast Data Processing with Spark [M]. Packt Publishing Ltd, 2013.

[3] 夏俊鸾, 刘旭晖, 邵赛赛. Spark 大数据处理技术 [M]. 北京: 电子工业出版社, 2015.

[4] 许鹏. Apache Spark 源码剖析 [M]. 北京: 电子工业出版社, 2015.

[5] [美] 卡劳, 温德尔, 孔威斯克, 等. Spark 快速大数据分析 [M]. 北京: 人民邮电出版社, 2015.

[6] 黄美灵. Spark MLlib 机器学习: 算法、源码及实战详解 [M]. 北京: 电子工业出版社, 2016.

[7] 高彦杰, 倪亚宇. Spark 大数据分析实战 [M]. 北京: 机械工业出版社, 2016.

[8] [英] 彭特里思. Spark 机器学习 [M]. 南京: 东南大学出版社, 2016.

[9] 王家林. 大数据 Spark 企业级实战 [M]. 北京: 电子工业出版社, 2015.

[10] Bell, Jason. Apache Spark [M]// Machine Learning: Hands-On for Developers and Technical Professionals. John Wiley & Sons, Inc, 2015: 275-314.

[11] Carlini E, Dazzi P, Esposito A, et al. Balanced Graph Partitioning with Apache Spark [M]// Euro-Par 2014: Parallel Processing Workshops. Springer International Publishing, 2014: 129-140.

[12] Hafez M M, Shehab M E, Fakharany E E, et al. Effective Selection of Machine Learning Algorithms for Big Data Analytics Using Apache Spark [M]// Proceedings of the International Conference on Advanced Intelligent Systems and Informatics 2016. Springer International Publishing, 2016.

[13] Zaharia M. An architecture for fast and general data processing on large clusters [M]. Morgan & Claypool, 2016.

[14] Armbrust M, Xin R S, Lian C, et al. Spark sql: Relational data processing in spark [C]//Proceedings of the 2015 ACM SIGMOD International Conference on Management of Data. ACM, 2015: 1383-1394.

[15] Xin R S, Crankshaw D, Dave A, et al. GraphX: Unifying data-parallel and graph-parallel analytics [J]. arXiv preprint arXiv: 1402.2394, 2014.

[16] Zaharia M, Das T, Li H, et al. Discretized streams: Fault-tolerant streaming computation at scale [C]//Proceedings of the Twenty-Fourth ACM Symposium on Operating Systems

Principles. ACM, 2013: 423-438.

[17] Xin R S, Rosen J, Zaharia M, et al. Shark: SQL and rich analytics at scale[C]//Proceedings of the 2013 ACM SIGMOD International Conference on Management of data. ACM, 2013: 13-24.

[18] Zaharia M, Das T, Li H, et al. Discretized streams: an efficient and fault-tolerant model for stream processing on large clusters[C]//Presented as part of the. 2012.

[19] Engle C, Lupher A, Xin R, et al. Shark: fast data analysis using coarse-grained distributed memory[C]//Proceedings of the 2012 ACM SIGMOD International Conference on Management of Data. ACM, 2012: 689-692.

[20] Zaharia M, Chowdhury M, Das T, et al. Resilient distributed datasets: A fault-tolerant abstraction for in-memory cluster computing [C]//Proceedings of the 9th USENIX conference on Networked Systems Design and Implementation. USENIX Association, 2012: 2-2.

[21] Zaharia M, Chowdhury M, Franklin M J, et al. Spark: cluster computing with working sets[J]. HotCloud, 2010, 10: 10-10.